꼬리에
꼬리를 무는
아이의
질문 100

귀찮은 게 아니라 엄마도 몰라서 그랬어

꼬리에 꼬리를 무는 아이의 질문 100

니이다 유미코 감수 | 이정미 옮김

로그인

프롤로그

마음의 토양이 비옥해지면 배움의 싹이 피어납니다

"하늘은 왜 파랄까?"

"하품은 왜 나오는 거지?"

누구나 한 번쯤은 사소한 궁금증이 생길 때가 있습니다. 이러한 궁금증을 어떻게 받아들이고, 호기심을 어떻게 키워 가느냐에 따라 우리가 얻는 지식의 폭은 크게 달라집니다. 꼭 책상 앞에 앉아 책을 펼쳐야만 지식을 얻는 것이 아닙니다. 일상에서 만나는 다양한 현상에 호기심을 갖고 생각하는 일이 곧 뭔가를 배우는 과정입니다. 하나의 궁금증을 해소하고 또 다른 궁금증을 만나면서 우리는 점점 깊이 배워갑니다.

다양한 일에 관심을 보이고 지적 호기심으로 가득 차 있는 아이의 마음은 잘 일궈진 토양과 같습니다. 아이의 마음속 토양이 비옥해지려면 멋지고 아름다운 것에 감동할 줄 알고, 다른 사람에게 공감할 줄 알며, 많은 것에 호기심을 보여야 합니다. 아이와 빗길을 걷거나 가만히 앉아 하늘을 바라볼 때 잠시 함께 느끼고 생각해보세요. 이때 아이가 질문을 던진다면 대답을 찾아가는 과정까지 같이 즐겨보세요. "왜 그럴까?"라며 함께 공유했던 질문들이 아이가 배움의 싹을 틔우는 계기가 되고 훗날 풍성한 열매를 맺게 도와줍니다.

차 례

아이를 키우는 배움의 씨앗

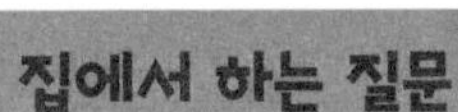 집에서 하는 질문

밖에서 하는 질문

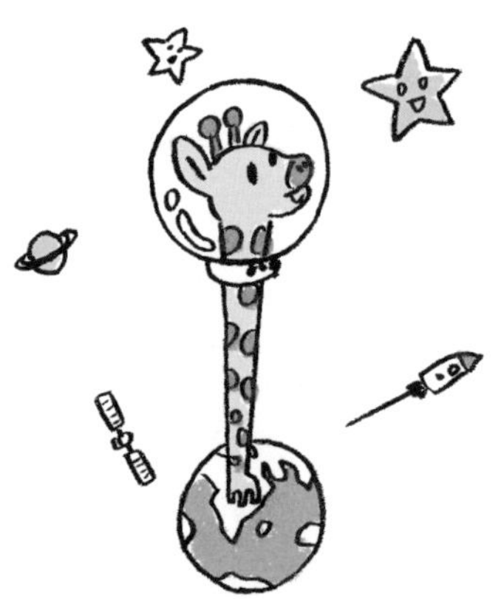

이 책의 구성과 활용법

이 책은 아이가 "왜?"라는 질문을 할 때뿐 아니라 엄마, 아빠가 "왜 그럴까?" 하고 물으면서 아이가 생각해보게끔 할 때도 사용할 수 있습니다.

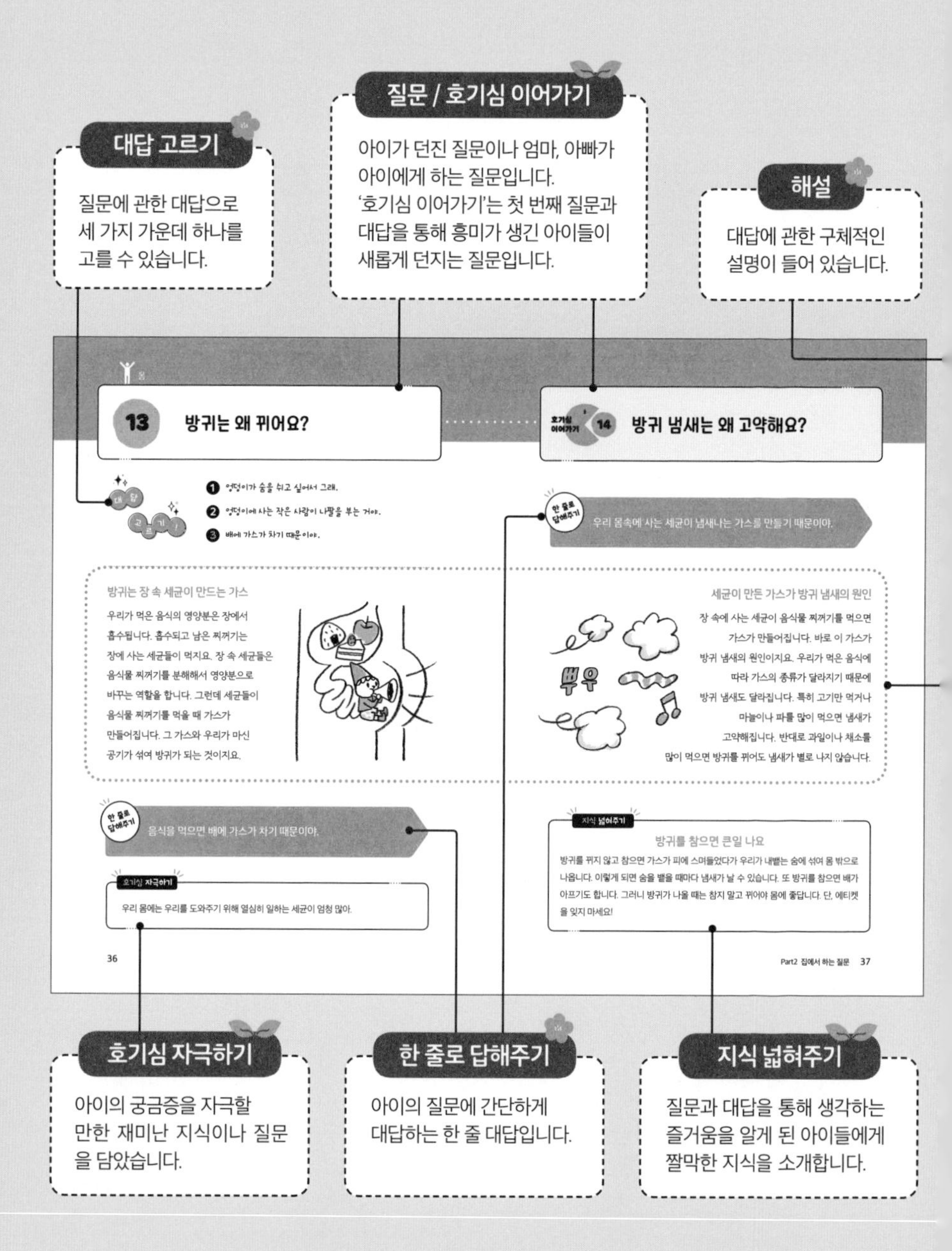

Part 1
아이를 키우는 배움의 씨앗

아이는 생각지도 못한 질문을 던집니다.
이때 부모가 어떻게 말하고 행동하느냐에 따라
아이의 '배움의 싹'은 다른 모습으로 자라납니다.

아이는 '느끼고, 생각하고, 말하면서' 배웁니다

호기심과 궁금증은 아이가 뭔가를 배우기 시작했음을 알리는 신호탄입니다. 아이는 파란 하늘을 보며 예쁘다고 느끼고, 왜 이렇게 예쁜 걸까 생각한 다음 "구름이 없어서 하늘의 원래 색깔이 보이는 거 아닐까?"라는 말을 합니다. 이때 부모가 "그런가?" 하고 시큰둥하게 반응해서는 곤란합니다. "엄마는 전혀 몰랐는데 그런 생각을 하다니 대단한걸."이라고 말하며 아이의 말에 공감해주어야 합니다. 아이의 호기심을 키워주는 일이 무엇보다 중요하기 때문입니다.

아이가 무언가를 배워 나가는 과정은 식물이 싹을 틔우는 과정과 비슷합니다. 우리는 흙 위에 새싹이 돋아나는 것을 보며 안에서 뭔가 자라고 있음을 깨닫습니다. 하지만 흙 속의 씨앗은 싹을 틔우기 전에 물부터 찾습니다. 물이 있는 곳을 찾아낸 뒤에야 마음 놓고 뿌리를 내립니다. 아이의 호기심도 마찬가지입니다. 부모가 어떻게 받아주느냐에 따라 아이의 호기심은 예쁜 싹을 틔울 수도 있고, 반대로 뿌리 한 번 내리지 못한 채 사라져 버릴 수도 있습니다.

아이는 배움의 싹을 틔우기 위해 안전하게 뿌리 내릴 곳을 찾습니다. 아이의 사소한 질문에 부모가 성심껏 대답해주어야 비로소 그것은 뿌리를 내리고 싹을 틔울 준비를 합니다.

아이는 어떻게 배울까?

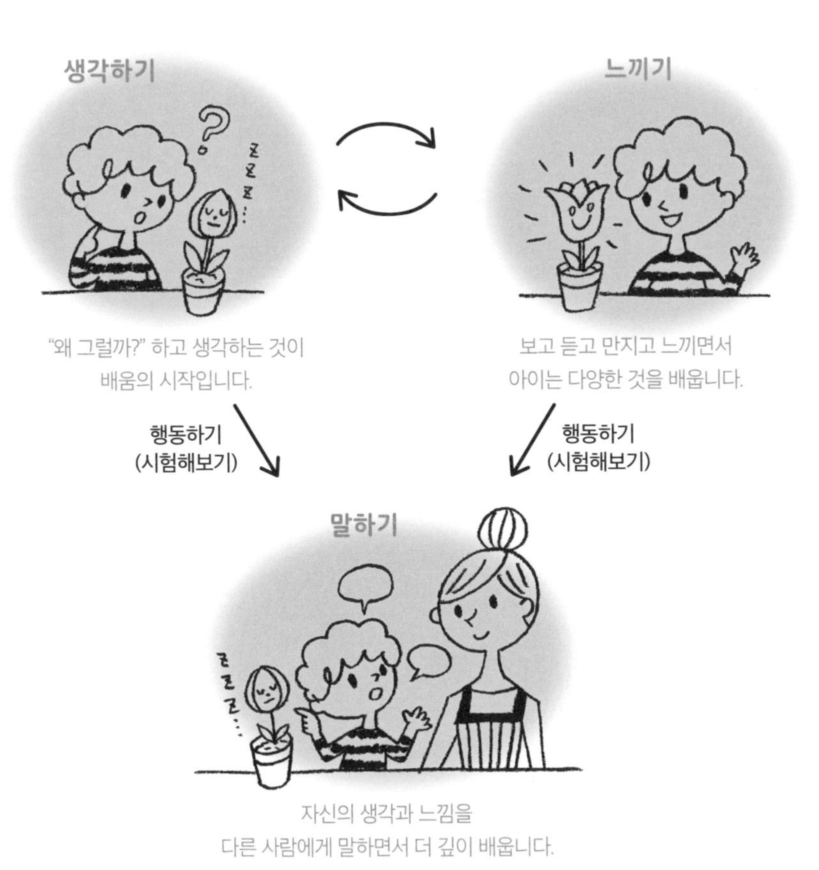

아이는 "왜?"라고 생각하는 동시에 많은 것을 보고 듣고 만지고 느끼면서 배웁니다. 또 생각하고 느낀 것을 다른 사람에게 말하면서 머리와 마음의 토양을 일구어 나갑니다. 머리와 마음의 토양이 비옥해지면 이곳에서 티운 배움의 싹이 쑥쑥 자라납니다.

부모의 반응과 공감이 아이를 성장하게 합니다

"아빠, 나 거꾸로 오르기 했어! 봐봐!"

"엄마, 돌 밑에 공벌레가 있어."

아이는 느끼고 생각한 것을 보여주고 들려주면서 자신의 생각을 정리하고 행동을 되돌아봅니다. 또 이것을 다른 사람에게 말하는 과정에서 언어의 폭을 넓히고 커뮤니케이션 능력을 키우지요.

아이가 무언가를 말하고 보여줄 때 부모는 "아, 그러네." 하고 무심히 넘겨서는 안 됩니다. 기쁘고 신나는 일을 알려주고 싶은 아이의 순수한 마음에 가능한 진심으로 반응하고 공감해야 합니다.

"우와, 드디어 거꾸로 오르기를 해냈구나! 멋진걸. 아빠도 해봐야겠다."

"공벌레라고? 엄마도 보고 싶다. 우와, 건드리니까 동그래졌네."

어른들의 대답을 통해 아이는 마음의 힘을 얻습니다. 좀 더 말하고 싶고, 좀 더 알고 싶어 하는 마음입니다. 아이의 호기심에 공감해주고, 아이가 하는 일을 함께해보세요. 아이는 더 열심히 배우려고 할 것입니다. 옆에서 지켜보고 귀 기울여주는 어른이 있을 때 아이의 말하기 능력이 자라납니다.

부모의 말과 행동이 아이의 의욕을 길러줍니다

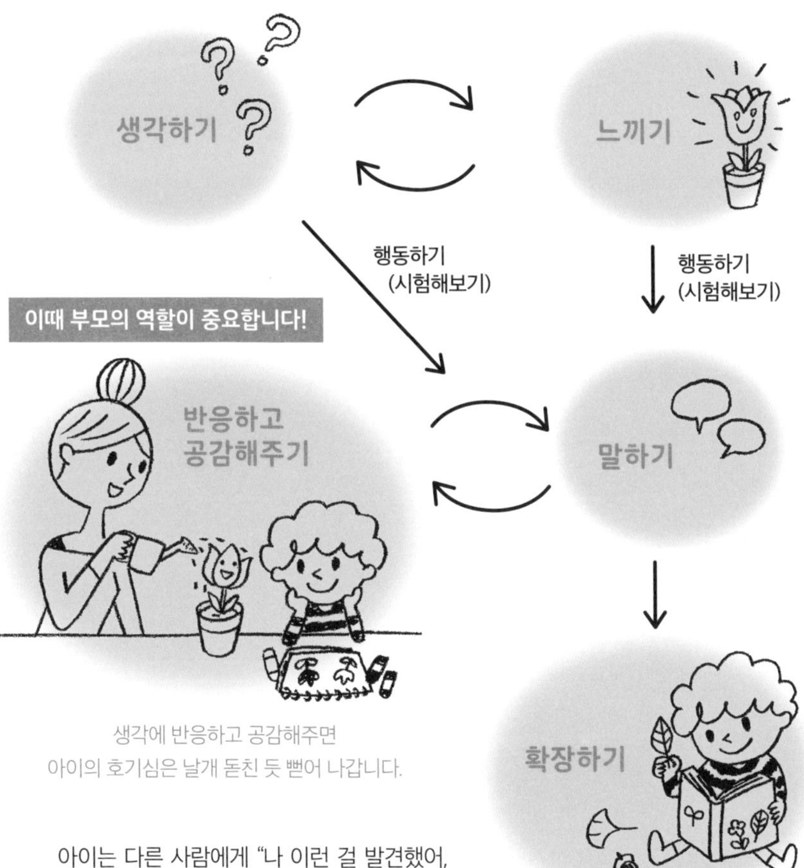

생각에 반응하고 공감해주면
아이의 호기심은 날개 돋친 듯 뻗어 나갑니다.

자신의 생각을 다른 사람에게 말하는 것은
지식을 넓히는 기초가 됩니다.

아이는 다른 사람에게 "나 이런 걸 발견했어, 내 생각에는 말이야."라고 말하면서 자신의 생각과 행동을 되돌아봅니다. 부모나 어른이 자신의 말을 들어주고 행동을 지켜봐 주면 아이는 더 열심히 배우려고 노력합니다.

부모와 아이의 대화는 질문에서 시작됩니다

아이는 부모와의 대화를 통해 많은 것을 배웁니다. "왜?"라는 질문에 아이와 부모가 함께 고민하고 즐길 때 아이가 틔운 배움의 싹은 더욱 쑥쑥 자라나지요. 이 책에는 아이가 자주 하는 질문이 들어 있습니다. 질문에 대한 대답은 '정답, 오답, 그리고 상상력을 자극하는 답' 세 가지로 준비했습니다. 아이가 "왜?"라고 묻는 순간 마음의 눈높이를 아이에게 맞추고 아이와 함께 답을 찾아보세요. 책에 나온 답을 참고해서 정답을 알려줘도 좋고, 오답부터 살피며 생각을 키워나가도 좋습니다. 상상력을 자극하는 답을 활용해 아이와 함께 재미난 이야기를 만드는 것도 방법입니다. 생각만큼 많은 시간이 필요하지는 않습니다. 매일 주고받는 아이와의 평범한 대화 속에 살짝 끼워 넣으면 됩니다.

하나의 질문이 끝난 뒤에는 비슷한 질문을 찾아봐도 재밌습니다. '파란 하늘'이나 '높은 하늘'처럼 비슷한 말을 모아보는 것도 좋습니다. 조금만 고민하면 크게 힘들이지 않고 아이의 지식과 어휘를 늘릴 수 있습니다.

질문에서 시작된 대화를 통해 아이는 많은 것을 배웁니다

꼭 무언가를 가르치겠다는 자세로 다가갈 필요는 없습니다. 주변 사물을 보고 떠오른 질문이나 일상에서 자연스럽게 떠오른 질문으로 즐겁게 대화를 나눠보세요. 말 그대로 살아 있는 현장 학습이 됩니다. 짧은 시간이라도 좋으니 습관처럼 매일 반복해보세요.

아이는 호기심을 장착하고 태어납니다

수업 시간이면 칠판에 붙은 색색의 자석만 쳐다보는 아이가 있었습니다. 아이는 주의력결핍 과잉행동장애(ADHD) 성향을 보였는데, 자석 이외의 것에는 거의 관심이 없었습니다.

하루는 아이들과 함께 막대자석을 들고 공원에 갔습니다. 공원 바닥에 쭈그려 앉은 그 아이는 열심히 자석을 땅에 굴렸습니다. 이따금 바닥에 떨어져 있던 나사나 핀이 자석에 달라붙었습니다. 하지만 얼마 안 가 자석에는 아무것도 붙지 않았습니다. 아이가 풀이 죽어 있자 다른 친구가 그 아이를 모래밭으로 불렀습니다. 모래에 자석을 묻어 두었다가 꺼내자 검은색 모래 같은 사철이 잔뜩 따라 올라왔습니다. 놀란 아이는 눈을 동그랗게 뜨고 "우와, 모래 괴물이다!"라고 소리쳤습니다. 저는 아이에게 사철에 대해 설명해주었고, 우린 다 함께 모래밭에서 뛰어놀았습니다.

사철은 발견하기가 쉽지 않습니다. 자석을 어디에 두느냐에 따라 많이 달라붙기도 하고 그렇지 않을 때도 있습니다. 아이들은 모래밭에서 사철을 발견한 경험을 통해 재미를 느꼈을 것입니다. 산만했던 그 아이도 신기한 자석의 힘에 마음을 빼긴 뒤로는 수업에 재미를 보이기 시작했습니다. 이렇듯 자연의 신기와 마주할 때 아이들의 가슴은 마구 뜁니다. 그리고 배움에 대한 의지가 솟아납니다.

Part 2
집에서 하는 질문

아이의 눈에는 세상이 온통 신기하게만 보입니다.
아이의 질문에 함께 고민하고 대답해주세요.

우리 몸이 궁금해요

집에서 하는 질문들은 주로 몸에 관한 것입니다. 목욕을 하거나 옷을 갈아입을 때 아이와 함께 우리 몸에 관한 궁금증을 풀어보세요.

물건이 궁금해요

집에서 놀 때는 주변에 놓인 물건을 보고 만지면서 질문할 수 있게 도와주세요.

음식이 궁금해요

식사 중에 맞닥뜨리는 아이의 질문은
가족 간의 대화를 더욱 풍성하게 만듭니다

01 달걀은 왜 노른자와 흰자로 나눠져 있어요?

1. 노란색과 흰색이 섞여 있으니까 예쁘잖아.
2. 병아리가 태어날 때 꼭 필요한 역할을 나눠서 맡고 있기 때문이야.
3. 사실은 노른자와 흰자가 싸우는 중이야.

병아리가 되는 부분은 노른자

달걀 안에는 병아리가 태어날 때 필요한 물질이 들어 있습니다. 그중에서도 생명의 근원이 되는 부분은 노른자입니다. 흰자는 노른자에게 영양분을 주고 노른자가 다치지 않도록 감싸 보호해줍니다. 말하자면, 병아리를 탄생시키기 위해 꼭 필요한 역할을 노른자와 흰자가 나눠서 맡고 있는 것이지요.

병아리가 태어날 때 꼭 필요한 역할을 노른자와 흰자가 나눠서 맡고 있기 때문이야.

호기심 자극하기

우리 주변에 있는 음식을 자세히 들여다봐봐. 궁금한 게 많아질 거야.

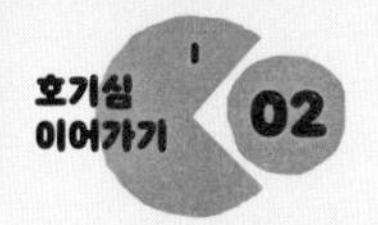

왜 갈색 달걀과 흰색 달걀이 있어요?

엄마 닭이 어떤 색이냐에 따라 달걀의 색깔도 달라져.

갈색 달걀의 엄마는 갈색 닭

달걀의 색깔이 흰색과 갈색으로 나뉘는 이유는 달걀을 낳은 어미 닭의 종류가 다르기 때문입니다. 깃털이 흰색인 닭은 흰색 달걀을, 갈색인 닭은 갈색 달걀을 낳지요. 하지만 예외도 있어서 흰색 닭이 갈색 달걀을 낳거나 갈색 닭이 흰색 달걀을 낳기도 합니다. 하지만 색에 따른 영양가의 차이는 없다고 합니다.

지식 넓혀주기

달걀을 깨지 않고도 노른자와 흰자를 구별하는 법

달걀을 식초에 담가두면 껍데기가 조금씩 녹습니다. 이는 껍데기에 들어 있는 탄산칼슘이 식초의 초산과 반응하기 때문입니다. 3일 정도 지나면 부드럽고 투명한 달걀이 만들어 집니다. 껍데기를 벗기지 않고도 달걀 속 모습을 볼 수 있는 방법이랍니다.

과일에서는 왜 달콤한 냄새가 나요?

1. 동물들에게 먹히고 싶어서 그래.
2. 과일 요정이 향수를 뿌려 두었거든.
3. 색깔이 예쁘니까 냄새도 좋은 거지.

달콤한 냄새로 동물 유혹하기

과일에서 달콤한 냄새가 나는 이유는 동물의 먹이가 되기 위해서입니다. 과일의 씨는 과일이 다 자라도 딱딱하고 냄새도 나지 않으며 맛도 없습니다. 하지만 씨를 둘러싸고 있는 과육은 과일이 자라면서 점점 부드러워지고 맛이 좋아지면서 달콤한 냄새를 풍깁니다. 냄새에 유혹당한 동물이 과일을 먹으면 씨는 똥과 함께 몸 밖으로 배출됩니다. 결과적으로 과일은 좀 더 먼 곳에 씨를 뿌리는 셈이지요.

과일이 동물의 먹이가 되고 싶어서 달콤한 냄새를 풍기는 거야.

호기심 자극하기

왜 어떤 것에서는 냄새가 날까? 냄새가 나는 데는 다 이유가 있단다.

과일 쓰레기에서는 왜 고약한 냄새가 나나요?

냄새를 만들어내는 작은 생물인 박테리아가 늘어나기 때문이야.

쓰레기 냄새의 원인은 박테리아

쓰레기에서 냄새가 나는 이유는 공기 중에 떠다니는 박테리아라는 생물 때문입니다. 박테리아는 음식물 쓰레기를 분해하고 영양분을 흡수하면서 번식하는데, 쓰레기를 분해하는 과정에서 고약한 냄새가 나는 것입니다. 박테리아는 대개 물이 많은 곳에서 생기니까 음식물 쓰레기를 버릴 때는 꼭 물기를 제거한 뒤에 버려야 합니다.

지식 넓혀주기

과일을 잘라두면 갈색이 되는 이유

잘라둔 과일의 단면은 시간이 지나면 갈색으로 변합니다. 이는 과일에 들어 있는 폴리페놀 산화 효소가 공기 중의 산소와 만나 갈색 물질을 만들어내기 때문입니다. 과일뿐 아니라 채소도 공기 중에 오래 두면 갈색으로 변합니다. 다만, 레몬처럼 비타민C가 풍부한 과일은 비타민C가 폴리페놀과 산소의 결합을 방해하기 때문에 갈색으로 변하지 않습니다.

배는 왜 고파요?

1. 우리 몸은 정해진 시간이 되면 배가 고프게 만들어져 있어.
2. 배 속에 사는 작은 사람이 음식을 다 먹어버리니까.
3. 음식이 소화되어 위가 텅 비기 때문이야.

위가 비었다는 신호가 뇌에 전달되는 것

우리가 밥을 먹으면 음식은 위에 들어가서 잘게 부숴지고 분해됩니다. 분해된 음식물은 몸을 움직일 때 필요한 에너지원으로 쓰이거나 우리 몸을 구성하는 영양소가 됩니다. 식사 후 3~4시간이 지나면 위에는 아무것도 남아 있지 않습니다. 이때 위가 비었다는 신호가 뇌에 전달되면서 배고픔을 느끼게 됩니다.

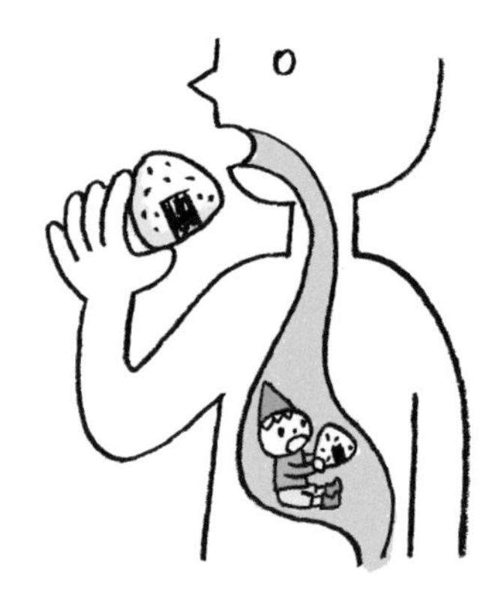

음식이 소화되어 위가 텅 비기 때문이야.

위와 장은 우리가 먹은 음식을 분해하고 영양분을 흡수하는 아주 중요한 곳이야.

배가 고프면 왜 꼬르륵 소리가 나요?

위와 장에 들어 있는 공기가 움직이기 때문이야.

위와 장에서 공기가 움직일 때 나는 소리

우리 배에 있는 위와 장은
근육으로 만들어진 주머니입니다.
주머니 속에서 음식을 분해하고 영양분을 흡수하지요.
위가 텅 비었을 때 근육이 움직이면
공기가 돌아다니면서 꼬르륵 소리가 납니다.
장에서는 음식이 분해될 때 나오는 가스가
근육의 운동에 따라 움직이면서 소리가 나기도 합니다.

지식 넓혀주기

음식을 먹고 나서 바로 달리면 왜 배가 아파요?

위가 음식을 소화하려면 피가 많이 필요합니다. 피가 위와 장의 움직임을 활발하게 만들기 때문이지요. 그런데 음식을 먹고 나서 바로 달리면 몸 전체에 피가 많이 필요해져 위나 장으로 가야 할 피가 줄어듭니다. 피가 부족해진 위와 장은 힘이 모자라서 경련을 일으키고, 이 때문에 배가 아픈 것입니다. 또한 달리면 피를 저장해두는 비장이 수축해서 통증을 일으키기도 합니다.

몸

07 밥을 먹으면 왜 배가 나와요?

1. 위에 음식이 모이기 때문이야.
2. 밥을 먹었다는 걸 알리기 위해서지.
3. 배에 사는 벌레가 배를 나오게 한대.

영양소를 흡수하는 위

우리가 씹어서 삼킨 음식은 위에 모입니다. 위가 배의 가운데쯤에 있다 보니 밥을 먹으면 배가 나오는 것입니다. 위에서는 음식을더 잘게 부수고 영양분을 흡수합니다. 이를 소화 · 흡수라고 하지요. 위에서 흡수한 영양분은 몸을 성장시키는 데 사용되거나 움직일 때 필요한 에너지원으로 쓰입니다.

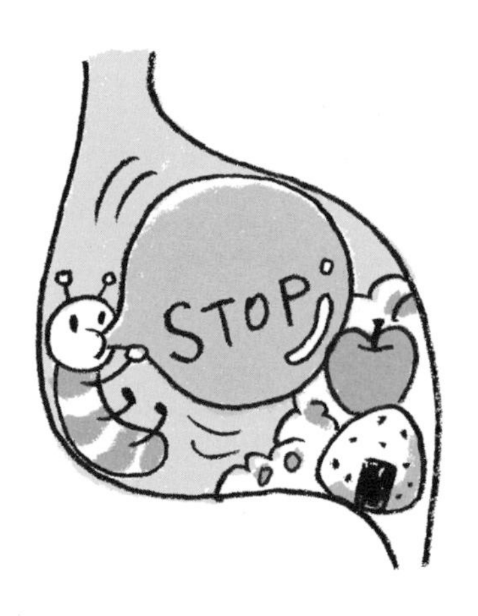

우리가 먹은 음식이 위에 모이기 때문이야.

호기심 자극하기

뇌와 몸은 연결돼 있어. 밥을 많이 먹으면 뇌가 몸에 배부르다는 신호를 보내. 뇌는 또 어떤 것들을 알려줄까?

08 배가 부르면 왜 졸려요?

배가 부르면 뇌에서 졸음을 느끼게 하는 물질이 나온단다.

졸음의 원인은 포만감을 느끼는 물질

음식을 먹으면 위에서 소화가 시작되면서 핏속의 당분이 높아집니다. 당분이 높아진 피가 뇌에 도달하면 포만감을 느끼는 물질이 나오면서 졸음이 쏟아지는 것이지요. 또한 식사 후에는 음식물을 소화하느라 바빠진 위나 장에 피가 집중됩니다. 이에 따라 뇌에 흐르는 피가 줄어들면서 졸음이 옵니다.

아침밥을 먹은 뒤에도 졸리나요?

일반적으로 음식을 먹고 나면 졸리지만 아침밥은 다릅니다. 아침에 우리 몸은 8~10시간 가까이 아무것도 먹지 않은 상태입니다. 그래서 일어난 직후의 몸과 뇌는 에너지를 많이 필요로 하지요. 이때 아침을 먹으면 체온이 올라가면서 움직이기가 편해지고, 뇌에 에너지도 공급되어 오히려 잠이 깹니다.

09 오줌은 왜 나와요?

1. 뱃속에 있는 댐에서 물이 넘쳐흐른 거야.
2. 몸에 필요 없는 것을 밖으로 내보내기 때문이지.
3. 네가 많이 컸다는 증거야.

오줌은 영양분을 흡수하고 남은 액체

오줌은 우리가 먹고 마신 음식에서 영양분을 흡수하고 남은 액체로, 시간이 지나면 몸 밖으로 배출됩니다. 물이나 주스, 차를 마시면 우리 몸은 물속에 들어 있는 수분과 영양분을 흡수하여 세포에 전달하거나 에너지원으로 씁니다. 그러고 남은 것은 더 이상 필요하지 않기 때문에 오줌을 통해 몸 밖으로 내보냅니다.

몸에 필요 없는 것을 버리기 위해서야.

호기심 자극하기

우리 몸속의 장기들은 낮이나 밤이나 열심히 일하고 있단다.

왜 자다가 오줌을 싸나요?

자는 동안에도 뇌는 "오줌 싸세요." 하고 명령을 내린단다.

자는 동안에도 오줌은 쌓인다

우리가 먹고 마신 음식은
자는 동안에도 몸속에서 계속 처리됩니다.
이때 필요 없는 수분은 방광에 쌓이는데,
보통은 아침에 일어난 뒤 몸 밖으로 배출됩니다.
하지만 자는 동안에도 방광이 꽉 차버리면
뇌는 오줌을 내보내라고 명령하지요.
아이들이 실수를 하는 것도 이 때문입니다.
그러므로 밤에 자기 전에는
꼭 화장실에 다녀와야 한답니다.

오줌은 왜 노란색이에요?

오줌이 노란색인 이유는 우리 몸에 있는 우로빌린이라는 색소 때문입니다. 우로빌린은 원래 황갈색인데, 오줌 속 수분과 섞이면 노랗게 보입니다. 오줌의 색깔은 날마다 조금씩 달라집니다. 조금 진한 날도 있고 연한 날도 있지요. 이는 우리가 먹은 음식과도 상관이 있으며, 흘린 땀의 양이나 건강 상태에 따라 달라지기도 합니다.

11 똥은 왜 갈색이에요?

❶ 여러 가지 음식물이 섞이면 갈색이 되기 때문이지.

❷ 우리 몸에는 똥을 갈색으로 만드는 색소가 있어.

❸ 배에 사는 작은 사람들이 똥에 물감을 칠한 거야.

똥을 갈색으로 만드는 색소

똥이 갈색인 이유는 우리 몸에 있는 우로빌린과 스테르코빌린이라는 색소 때문입니다. 이 두 색소는 간에서 만들어지는 담즙이라는 액체에 들어 있습니다. 우리가 음식을 먹으면 소화를 돕기 위해 담즙이 나오는데, 이때 음식과 색소가 섞이면서 갈색으로 변합니다. 똥 색깔은 우리가 먹는 음식과도 상관이 있습니다. 그래서 고기를 많이 먹으면 까만 똥이 나오고, 채소를 많이 먹으면 녹색 똥이 나옵니다.

우리 몸에는 똥을 갈색으로 만드는 색소가 있어.

매일 똥을 싼다는 건 몸이 아주 건강하다는 뜻이야. 하지만 설사는 우리 몸에 나쁜 물질이 들어왔다는 신호란다.

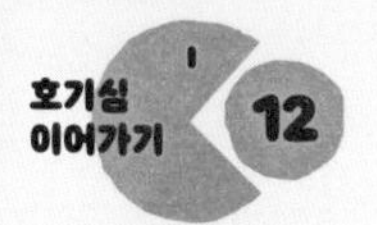

새똥은 왜 흰색이에요?

새똥의 흰색 부분은 사실 오줌이야.

새는 오줌과 똥을 함께 내보낸다

새똥을 자세히 보면 흰색과 검은색이 섞여 있습니다. 사실 새똥의 흰 부분은 똥이 아니라 오줌입니다. 사람의 몸에는 오줌과 똥을 모아두었다가 내보내는 곳이 따로 있지만 새는 그렇지 않습니다. 새는 오줌과 똥을 한곳에 모아두었다가 한꺼번에 내보냅니다. 그래서 새똥은 흰색과 검은색이 섞여 있고 묽은 것입니다.

지식 넓혀주기

똥은 왜 냄새가 나나요?

위와 장을 거쳐온 음식물의 찌꺼기가 바로 '똥'입니다. 대장에서는 음식물 속의 수분을 흡수하고, 박테리아라는 작은 생물이 음식물을 분해해주면 이를 통해 영양분을 흡수합니다. 그런데 박테리아가 음식물을 분해할 때 여러 가지 가스가 나옵니다. 그중 하나가 고기를 먹었을 때 주로 나오는 '인돌'이라는 가스인데, 인돌에서는 매우 불쾌한 냄새가 납니다. 이처럼 대장에서 음식물이 발효될 때 만들어지는 가스가 똥과 함께 나오기 때문에 똥에서는 냄새가 나는 것입니다.

방귀는 왜 뀌어요?

1. 엉덩이가 숨을 쉬고 싶어서 그래.
2. 엉덩이에 사는 작은 사람이 나팔을 부는 거야.
3. 배에 가스가 차기 때문이야.

방귀는 장 속 세균이 만드는 가스

우리가 먹은 음식의 영양분은
장에서 흡수됩니다. 흡수되고 남은 찌꺼기는
장에 사는 세균들이 먹지요.
장 속 세균들은 음식물 찌꺼기를 분해해서
영양분으로 바꾸는 역할을 합니다.
그런데 세균들이 음식물 찌꺼기를 먹을 때
가스가 만들어집니다. 그 가스와
우리가 마신 공기가 섞여 방귀가 되는 것이지요.

음식을 먹으면 배에 가스가 차기 때문이야.

호기심 자극하기

우리 몸에는 우리를 도와주기 위해 열심히 일하는 세균이 엄청 많아.

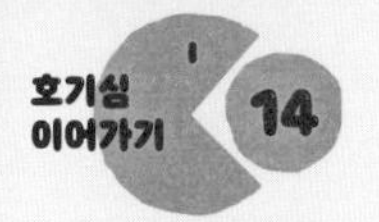

방귀 냄새는 왜 고약해요?

우리 몸속에 사는 세균이 냄새나는 가스를 만들기 때문이야.

세균이 만든 가스가 방귀 냄새의 원인

장 속에 사는 세균이 음식물 찌꺼기를 먹으면 가스가 만들어집니다. 바로 이 가스가 방귀 냄새의 원인이지요. 우리가 먹은 음식에 따라 가스의 종류가 달라지기 때문에 방귀 냄새도 달라집니다. 특히 고기만 먹거나 마늘이나 파를 많이 먹으면 냄새가 고약해집니다. 반대로 과일이나 채소를 많이 먹으면 방귀를 뀌어도 냄새가 별로 나지 않습니다.

지식 넓혀주기

방귀를 참으면 큰일 나요

방귀를 뀌지 않고 참으면 가스가 피에 스며들었다가 우리가 내뱉는 숨에 섞여 몸 밖으로 나옵니다. 이렇게 되면 숨을 뱉을 때마다 냄새가 날 수 있습니다. 또 방귀를 참으면 배가 아프기도 합니다. 그러니 방귀가 나올 때는 참지 말고 뀌어야 몸에 좋답니다. 단, 에티켓을 잊지 마세요!

15 눈물은 왜 나와요?

1. 눈의 요정이 비를 뿌리는 거야.
2. 마음을 조절하는 뇌가 명령을 내리는 거야.
3. 몸에 필요 없는 물이 빠지는 거지.

뇌는 자율신경을 통해 눈물샘에 명령을 내린다

윗눈꺼풀 뒤쪽에는 눈물샘이라는 곳이 있습니다. 눈물샘에서는 항상 눈물이 조금씩 흘러나와서 우리 눈이 마르지 않게 해주지요. 또한 눈물샘은 자율신경을 통해 뇌와 연결되어 있습니다. 슬프거나 기쁠 때 혹은 아플 때 눈물이 나오는 이유는 뇌가 눈물샘에게 "우세요, 눈물을 흘리세요." 하고 명령하기 때문입니다.

뇌가 마음에게 "우세요."라고 명령하기 때문이야.

우리 몸에서 나오는 눈물, 땀, 오줌에는 각기 다른 중요한 역할이 있어.

더우면 왜 땀이 나나요?

피부를 적셔서 식히기 위해서야.

젖었던 피부가 마르면서 체온이 떨어진다

더우면 피부에 있는 수많은 땀구멍에서 땀이 나옵니다. 땀을 흘리는 이유는 우리 몸을 식히기 위해서입니다. 땀이 증발할 때 몸의 열을 빼앗아서 체온을 떨어뜨리기 때문이지요. 땀을 흘리고 닦지 않거나 젖은 옷을 계속 입고 있으면 체온이 많이 떨어져서 감기에 걸릴 수 있습니다.

지식 넓혀주기

파를 자르면 왜 눈물이 나나요?

파에는 눈물샘을 자극하는 물질이 들어 있습니다. 파를 자르는 순간 이 물질이 공기 중에 날아올라 눈물샘 주위의 신경을 자극해서 눈물이 나오는 것입니다. 눈물이 덜 나오게 하려면 파를 냉장고에 넣어서 차갑게 만들거나 두세 번 정도 잘라 흐르는 물에 씻어서 자르면 됩니다.

17 머리카락은 왜 자라요?

1. 우리 몸에서 아주 중요한 머리를 보호하는 거야.
2. 신이 구름 위에서 내려다볼 때 누군지 알아봐야 하니까.
3. 동물과 인간을 구별하기 위해서지.

체온을 유지하고 몸을 보호해주는 털

동물의 털은 체온을 유지하고 몸에 상처가 나지 않도록 보호하는 역할을 합니다. 알루미늄이나 수은 같은 유해 금속을 몸 밖으로 빼내는 일도 하지요. 옛날에는 사람의 몸도 동물처럼 털로 뒤덮여 있었습니다. 하지만 진화하면서 점차 사라져 지금은 꼭 필요한 부분에만 남아 있지요. 머리카락은 머리를 보호하고, 눈썹은 땀이 눈에 들어가지 않도록 막아줍니다.

머리카락은 우리 몸에서 아주 중요한 머리를 보호해준단다.

털 말고 우리 몸에서 자라거나 빠지는 것은 또 뭐가 있을까? 왜 자라거나 빠질까?

어떤 사람은 왜 머리카락이 적거나 없어요?

몸 상태에 따라 머리카락의 양이 달라지기 때문이야.

머리카락은 늘어나기도 하고 줄어들기도 한다

머리카락은 식물처럼 계속 자랍니다. 하지만 몸 상태에 따라 뿌리 부분인 모근의 힘이 약해지기도 합니다. 모근이 약해지면 머리카락이 얇아지고 쉽게 빠지며 모공에서 나오는 머리카락의 수도 줄어듭니다. 반대로 몸이 건강해지면 줄어들었던 머리숱이 다시 늘어나기도 합니다.

머리카락은 모두 몇 개예요?

머리카락은 머리의 피부에 있는 작은 모공에서 자랍니다. 하나의 모공에서는 1~3개 정도의 머리카락이 자라고, 전체 개수는 8~14만 개 정도라고 합니다. 머리카락 수와 색깔은 사람마다 다르고, 인종에 따라서도 차이가 납니다.

목소리는 왜 모두 달라요?

1. 아기 때 얼마나 우느냐에 따라 목소리가 달라진단다.
2. 목과 입의 모양이 사람마다 다르기 때문이야.
3. 목에 사는 작은 사람이 모두 다른 목소리를 내서 그래.

목소리가 만들어지는 곳은 성대

사람의 목소리는 목 안에 있는 '성대'라는 기관에서 만들어집니다. 성대는 좌우 대칭으로 된 주름으로 이루어져 있습니다. 주름 사이로 공기가 지나갈 때 성대가 떨리면서 소리가 나고, 그 소리가 입을 통해 나오면 목소리가 됩니다. 성대의 두께와 크기, 그리고 입 모양을 결정하는 골격은 사람마다 조금씩 다릅니다. 그래서 목소리가 저마다 다른 것입니다.

목소리를 만드는 목과 입의 모양이 사람마다 다르기 때문이야.

소리가 나는 데는 다 이유가 있어. 소리가 나는 과정을 한 번 생각해보자.

20 동물의 울음소리는 왜 모두 달라요?

동물마다 목과 입의 모양이 다르기 때문이야.

동물도 인사를 한다

조류를 제외한 척추동물은
사람과 마찬가지로 성대를 울려서 소리를 냅니다.
동물도 종류에 따라 성대와 입 모양이
다르기 때문에 울음소리도 다릅니다.
동물의 성대와 입 모양은 사람과는 전혀 달라서
동물과 사람의 목소리에는 큰 차이가 있습니다.
우리는 알아듣지 못하지만 동물도 울음소리로 인사를 하고
기쁨과 슬픔을 표현하며 위험을 알리기도 합니다.

동물의 울음소리는 나라마다 다르다

동물의 울음소리를 표현하는 말은 나라마다 다릅니다. 우리나라에서는 개의 울음소리를 '멍멍'이라 하고, 고양이는 '야옹', 닭은 '꼬끼오'라고 합니다. 하지만 영어에서는 개 울음소리를 '바우와우(bow wow)'라고 하며, 고양이는 '미야오(meow)', 닭은 '코커두들두(cock-a- doodle-doo)'라고 합니다. 아이와 함께 각 나라에서 표현하는 동물의 울음소리를 찾아보세요.

21 손톱은 왜 있어요?

1. 누가 더 빨리 자라는지 머리카락이랑 겨루려는 거야.
2. 매니큐어를 바르면 예뻐서 기분이 좋아지니까.
3. 딱딱한 손톱으로 손가락 끝을 보호해준대.

손톱은 손가락 끝을 보호한다

손톱은 각질이라는 딱딱한 단백질로 이루어져 있습니다. 아래쪽에 있는 초승달 모양의 흰 부분이 이제 막 생겨난 손톱이고, 여기서부터 점점 위로 자라납니다. 손톱은 신경이 몰려 있는 손가락 끝을 보호해줍니다. 또 물건을 긁거나 두드릴 때도 사용되지요.

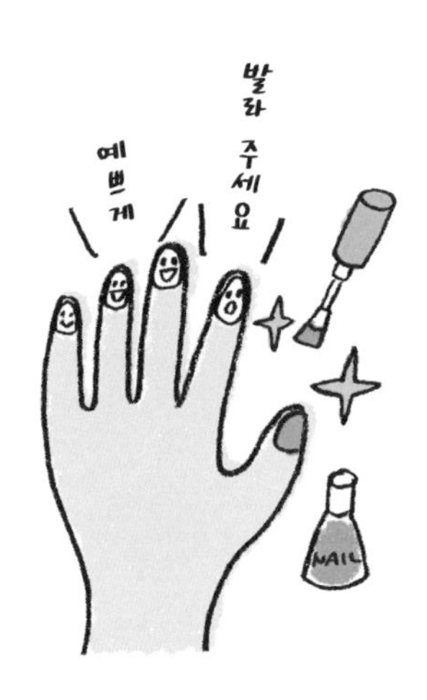

손톱은 손가락 끝을 보호하는 중요한 역할을 해.

손톱이나 머리카락 말고 우리 몸에서 자라거나 새롭게 생기는 것이 또 있을까?

귀지는 왜 생겨요?

귓속은 터널 모양이어서 먼지가 쌓이기 쉬워.

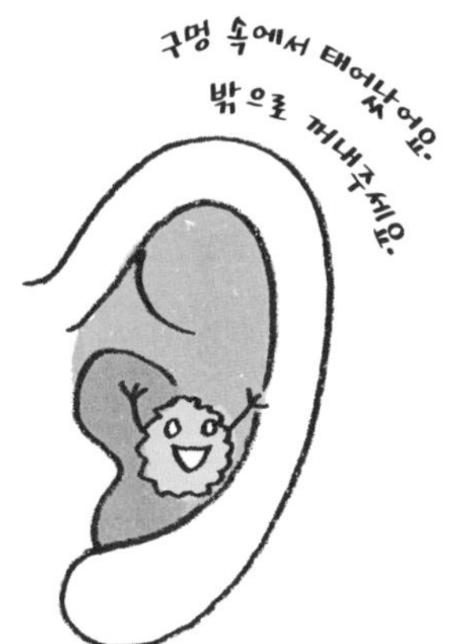

귓속은 먼지가 잘 쌓이는 터널 모양

귀지는 피부에서 떨어져 나온 조각, 귀 안에서 생긴 분비물, 밖에서 들어온 먼지 등이 섞여 만들어집니다. 귓속은 터널 모양이어서 먼지나 피부 조각들이 밖으로 나가지 못하고 안에 쌓입니다. 귀지의 상태는 건조하기도 하고 끈적거리기도 합니다.

지식 넓혀주기

인간과 동물의 손톱

인간의 손톱은 넓적하고 평평하지만 동물의 손톱이나 발톱은 갈고리처럼 구부러져 있거나 말발굽처럼 두껍습니다. 보통 파충류, 포유류, 조류는 갈고리 모양의 발톱을 가지고 있습니다. 끝이 구부러지고 뾰족해서 적과 싸우거나 먹이를 잡을 때 무기처럼 사용합니다. 발굽 모양의 발톱을 지닌 동물은 말이나 소 등이 있습니다. 말이나 소는 사람에 비유하자면 손가락 끝에 있는 손톱만으로 온몸을 지탱하며 걷는 것이라고 합니다.

23 사람은 왜 화를 내거나 기뻐해요?

1. 우리 마음속에는 무서운 도깨비와 착한 천사가 살고 있대.
2. 뇌가 자라면서 많은 것을 느끼게 되는 거야.
3. 신이 리모컨으로 사람의 표정을 조정하는 거란다.

사람의 희로애락은 성장의 증거

아기일 때는 누구나 울기만 합니다.
하지만 자라면서 몸과 함께 뇌도 발달하지요.
뇌가 자라서 지금까지 몰랐던 것을
알게 되고, 느끼지 못했던 것을 느끼게 됩니다.
남에게 심한 말을 들으면 화가 나고
누군가 다정하게 대해주면 기분이 좋아지는
것은 우리가 성장했다는 증거입니다.

다양한 기분을 느낀다는 건 네가 많이 컸다는 뜻이야.

호기심 자극하기

우리는 어떨 때 기쁘고 슬플까? 그때 네 기분을 말해보렴.

개나 고양이는 왜 웃지 않나요?

표정이나 말 대신 꼬리를 흔들어서 감정을 드러내기도 해.

꼬리를 흔드는 건 기쁨의 표시

개나 고양이 같은 동물도 뇌가 있기 때문에 기쁨이나 슬픔을 느낍니다. 하지만 동물의 뇌는 사람만큼 뛰어나지 않아서 언어나 표정으로 희로애락과 같은 다양한 감정을 표현하지는 못합니다. 그 대신 동물은 자신들만의 방법으로 감정을 드러냅니다. 예를 들어 개는 슬플 때는 고개를 숙인 채 힐끔거리고, 기쁠 때는 꼬리를 마구 흔들어댑니다.

사람마다 감정 표현법도 다르다

사람마다 감정을 표현하는 방식은 다릅니다. 어떤 사람은 큰 소리로 잘 웃지만 반대로 웃음이 많지 않은 사람도 있지요. 또 슬플 때 온몸으로 감정을 표현하는 사람이 있는 반면 마음을 꼭꼭 숨기는 사람도 있습니다. 어느 것이 좋거나 나쁜 것은 아닙니다. 개인의 특성에 따라 다를 뿐이지요. 하지만 아이가 다른 사람이 자신의 마음을 알아주길 바란다면 기분을 말로 표현하도록 가르쳐주세요. 손동작이나 몸동작을 더하면 더욱 좋습니다.

25 넘어지면 왜 피가 나요?

1. 또 넘어지지 말라고 주의를 주는 거야.
2. 요정이 케첩을 발라서 그래.
3. 몸에는 항상 피가 흐르고 있거든.

온몸을 돌며 산소와 영양소를 운반하는 피

우리 몸에는 피가 돌아다니는 통로인
혈관이 구석구석 퍼져 있습니다.
혈관 속에는 피가 항상 흐르고 있지요.
피는 심장을 중심으로 온몸을 순환하면서
생명 유지에 필요한 산소와 영양소를 세포에 전달합니다.
넘어져서 살이 벗겨지거나 손가락을 베이면
혈관 속에 있던 피가 밖으로 흘러나오는 것입니다.

한 줄로 답해주기 우리 몸에는 항상 피가 흐르기 때문이야.

호기심 자극하기

피는 우리가 계속 살아 있도록 쉬지 않고 일한단다.

26 피는 왜 빨간색이에요?

우리 몸에는 피를 빨갛게 만드는 성분이 있어.

피를 빨갛게 만드는 헤모글로빈

피는 산소와 영양소를 운반하면서 온몸을 돌아다닙니다. 핏속에 있는 적혈구는 산소를 전달해주는 중요한 역할을 하지요. 피가 빨갛게 보이는 이유는 적혈구에 들어 있는 헤모글로빈이라는 성분이 빨간색이기 때문입니다. 사람과 달리 문어와 오징어의 피는 파란색입니다. 이는 파란색을 띠는 헤모시아닌이라는 성분이 산소를 운반하기 때문입니다.

지식 넓혀주기

상처는 어떻게 나아요?

넘어져서 상처가 났을 때는 소독한 뒤 반창고를 붙여 두면 자연스럽게 회복됩니다. 상처가 스스로 아무는 이유는 핏속의 혈소판이라는 성분이 상처 입은 자리에 뚜껑을 씌우기 때문입니다. 또 우리도 모르게 몸속에 침입한 세균은 핏속의 백혈구라는 성분이 퇴치해 줍니다. 피에는 다양한 역할을 하는 세포와 성분이 들어 있어서 우리 몸을 지켜줍니다.

27 무서우면 왜 심장이 빨리 뛰어요?

1. 무서워하는 사람을 응원해주는 거야.
2. 몸속의 피가 빨리 흐르기 때문이지.
3. 심장이 자기도 무섭다고 신호를 보내는 거야.

무서움을 느끼면 심장은 빨리 뛴다

귀신 이야기를 듣거나 엄마에게 혼날 때 우리 뇌는 무서움을 느낍니다. 뇌가 무섭다고 느끼면 심장은 빨리 뛰기 시작합니다. 이는 위험을 감지했을 때 바로 도망칠 수 있도록 뇌가 심장에게 온몸에 피를 보내라고 명령하기 때문입니다. 피는 몸 전체를 돈 후 심장으로 들어왔다가 다시 나가기를 반복합니다. 심장이 피를 내보내기 위해 오므렸다 폈다 하면서 두근대는 소리가 나는 것입니다.

무서움을 느끼면 몸속의 피가 빨리 흐르기 때문이야.

호기심 자극하기

우리는 어떨 때 심장이 두근거릴까? 두근거렸던 경험을 얘기해보렴.

28 왜 두근두근하는 소리가 나요?

심장에 달린 뚜껑이 닫히는 소리야.

빠르게 열고 닫히는 심장의 뚜껑

가슴 한가운데쯤에 위치한 심장은 온몸에 피를 돌게 하는 역할을 합니다. 심장에 피가 들어오고 나가는 부분에는 뚜껑이 달려 있습니다. 피가 들어올 때는 나가는 곳의 뚜껑이 닫히고, 피가 나갈 때는 들어오는 곳의 뚜껑이 닫힙니다. 두근두근하는 소리는 이 뚜껑이 닫힐 때 나는 소리입니다. 이 뚜껑은 한 번 흘러나간 피가 거꾸로 들어오지 못하도록 매우 빠른 속도로 열리고 닫힙니다.

지식 넓혀주기

심장이 두근거리는 다양한 이유

달리기 경주를 할 때 "준비, 시작!" 하는 소리가 나기 직전이나 흥미진진한 게임에 빠져 있을 때처럼 몸이 긴장하면 가슴이 두근거립니다. 좋아하는 사람과 함께 있을 때는 기뻐서, 소풍 가기 전날 밤에는 설레서 가슴이 두근대지요. 반대로 몸이 아파서 심장이 두근거릴 때도 있습니다. 이처럼 우리 몸은 다양한 이유로 심장이 두근거립니다.

29 할아버지, 할머니는 왜 주름이 있어요?

1. 많은 일을 경험하면서 웃기도 하고 울기도 했으니까.
2. 할아버지, 할머니임을 주변에 알리려는 거야.
3. 한 살씩 나이가 많아질 때마다 주름을 직접 그려 넣는단다.

피부 속 섬유가 약해지면서 주름이 생긴다

말을 하거나 웃으면 표정이 달라집니다. 이는 얼굴에 있는 근육이 움직이기 때문입니다. 얼굴 근육이 움직이면 피부도 따라 움직입니다. 피부 속에는 가느다란 고무 같은 섬유가 들어 있어서 움직이더라도 금방 원래 자리로 돌아옵니다. 하지만 나이가 들면 섬유가 점점 탄력을 잃어버려서 피부를 되돌려놓는 힘이 약해집니다. 그래서 주름이 생기는 것입니다.

여러 일을 경험하면서 많이 웃고 울었기 때문이야.

사람의 몸에는 주름이 생기기 쉬운 곳과 그렇지 않은 곳이 있어. 어디일까?

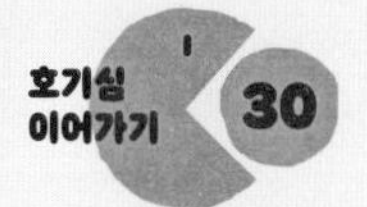

나이가 들면 왜 흰머리가 나요?

머리카락에 검은색을 입혀주는 멜라닌 색소가 줄어들기 때문이야.

머리카락을 검게 만드는 멜라닌 색소

머리카락에는 머리색을 검게 만들어주는 멜라닌 색소가 들어 있습니다. 그런데 나이를 먹으면 멜라닌 색소가 줄어들어 머리카락 속이 텅 비고 하얘집니다. 흰머리는 유전이나 환경, 체질에 따라 많이 나는 사람도 있고 적게 나는 사람도 있습니다. 흰머리가 잘 나는 체질이면 젊은 나이에 백발이 되기도 합니다.

물에 오래 있으면 왜 손가락에 주름이 생겨요?

물에 오래 있으면 피부가 붓고 늘어납니다. 이는 흔히 각질이라고 부르는 피부의 케라틴 성분이 수돗물 속 염소에 녹기 때문입니다. 그런데 손가락의 피부가 물에 불어 늘어나다가 끝으로 가면 손톱에 가로막힙니다. 손톱에 막힌 피부가 더 이상 늘어나지 못하고 접히면서 쭈글쭈글 주름이 생기는 것입니다.

몸

31 하품은 왜 나와요?

❶ 입을 열고 숨을 들이마시면 재밌으니까.

❷ 하품을 하면 머리가 시원해지거든.

❸ 하품 벌레가 이제 쉬라는 신호를 보내는 거야.

하품은 뇌의 재충전

지루하고 졸리거나 잠에서 막 깨어났을 때
우리는 하품을 합니다. 때로는 긴장감이
극에 달했을 때 하품이 나오기도 합니다.
하품이 나오는 이유는 아직 명확하게 밝혀지지
않았습니다. 뇌의 움직임이 둔해졌을 때
산소를 마셔서 머리를 재충전한다거나
입을 크게 벌리면서 근육과 신경을 자극해
뇌를 각성시킨다는 설이 있습니다.

하품은 뇌를 재충전시키기 위해 나오는 거야.

하품과 눈물은 뇌나 눈을 지키는 중요한 일을 한단다.

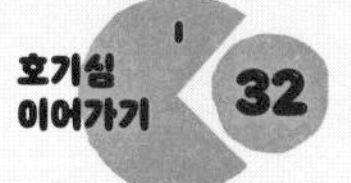

하품을 하면 왜 눈물이 나요?

얼굴 근육이 움직이면서 눈물주머니를 건드리기 때문이야.

눈물은 눈물주머니 속 눈물샘에서 나온다

눈물은 우리가 느끼지 못할 뿐 조금씩 계속 흘러나옵니다. 눈이 마르는 것을 막고 작은 먼지를 씻어내기 위해서지요. 눈물은 눈 안쪽에 있는 눈물주머니에 쌓여 있다가 윗눈꺼풀 뒤쪽에 있는 눈물샘을 통해 흘러나옵니다. 하품할 때 입을 크게 벌리면 얼굴 근육이 움직이면서 눈물주머니와 눈물샘을 건드리기 때문에 눈물이 나오는 것입니다.

눈을 깜빡이는 데는 다 이유가 있다

우리가 눈을 깜빡이는 데는 이유가 있습니다. 눈에는 우리도 모르는 사이에 먼지가 달라붙는데 눈을 깜빡이면 먼지가 닦이면서 사라집니다. 또 눈이 공기와 오래 접촉하면 건조해서 따가워지는데 눈을 깜빡일 때 나오는 눈물이 이를 막아줍니다. 또 눈물에는 세균을 죽이는 성분도 들어 있다고 합니다.

33 얼음을 만지면 왜 손가락이 달라붙어요?

1. 손가락에 있는 주름에 얼음이 들어가서 그래.
2. 얼음이 손가락이랑 친구 하고 싶대.
3. 손가락 표면이 살짝 어는 거야.

얼음이 손가락에 있던 물을 얼린다

물은 온도가 0도 아래로 내려가면
굳어서 얼음이 되고 0도 위로 올라가면
녹아서 물이 됩니다. 냉장고에서 막 꺼낸 얼음을
만지면 손가락이 찰싹 달라붙는데, 이는
손가락 표면에 있던 물이 얼음에 닿아
차가워지면서 얼기 때문입니다. 이때 억지로 떼면
손가락을 다칠 수 있으니 달라붙은 곳에
물을 흘려주면서 조심스럽게 떼내야 합니다.

얼음을 직접 만지면 손가락 표면에 있던 물이 살짝 어는 거야.

세상의 모든 물질은 눈에 보이지 않을 만큼 작은 '분자'가 모여서 만들어진단다.

왜 냉동실에서도 얼지 않는 게 있어요?

물질의 성질에 따라 어는 온도가 다르기 때문이야.

식염수와 기름은 냉동실에서도 얼지 않는다

가정에서 사용하는 냉동실의 온도는 보통 영하 18도입니다. 이 온도에서는 대부분의 음식이 얼지만 얼지 않는 것도 있습니다. 식염수는 농도에 따라 다르지만 보통 18도보다 낮은 21도 정도에서 업니다. 기름 역시 잘 얼지 않습니다. 이처럼 분자의 성질에 따라 얼기 쉬운 것과 그렇지 않은 것이 있답니다.

물은 왜 얼어요?

모든 물질은 눈에 보이지 않을 만큼 작은 '분자'가 모여서 만들어집니다. 액체 상태일 때 물의 분자는 자유롭게 움직입니다. 하지만 0도가 되면 분자들이 가지런하게 늘어서면서 움직이지 않습니다. 이것이 바로 얼음입니다. 잘 얼지 않는 물질은 온도가 낮은 상태에서도 분자들이 쉽게 정돈되지 않고 자꾸 움직이려는 성질을 가졌습니다.

35 연필은 왜 오래 쓸 수 있어요?

1. 연필심은 단단해서 쉽게 닳지 않아.
2. 연필이 공책을 좋아해서 그래.
3. 밤중에 마녀가 심을 늘려놓는대.

흑연과 점토를 섞어 만든 연필심

연필심은 흑연 가루와 점토를 섞어 고온에서 구워 만듭니다. 완성된 연필심은 매우 단단해서 자주 사용해도 쉽게 닳지 않습니다. 연필심은 단단한 것과 부드러운 것이 있는데 보통 9B~9H까지 20종류로 나뉩니다. B에서 숫자가 높아질수록 부드러우면서 진해지고, H에서 숫자가 높아질수록 단단하면서 흐려집니다. 초등학교에서 자주 쓰는 HB연필은 딱 중간 정도의 진하기입니다.

연필심은 매우 단단해서 오래 쓸 수 있어.

연필이랑 크레파스는 늘 열심히 일한단다. 소중하게 사용해주렴.

크레파스는 왜 그림이 그려져요?

색이 단단하게 굳어 있어서 종이에 대고 그으면 색이 발리는 거야.

기름과 왁스, 안료를 섞어 만든 크레파스

크레파스는 기름과 왁스, 그리고 색이 들어간 안료를 섞어 굳혀서 만듭니다. 그래서 종이에 대고 꾹 눌러 그으면 안료가 종이에 발리면서 색이 나타납니다. 크레파스는 기름과 왁스가 섞여 있기 때문에 안료만 넣어 굳혔을 때보다 단단하며 쉽게 부러지지 않습니다. 덕분에 오랜 시간 동안 마음껏 그릴 수 있습니다.

지식 넓혀주기

연필 한 자루로 얼마나 쓸 수 있어요?

흔히 사용하는 HB연필 한 자루를 가지고 얼마나 쓸 수 있을까요? HB연필을 갖고 선을 긋는 실험을 해본 결과 약 50km를 그을 수 있었습니다. 올림픽 마라톤 코스가 약 42km니까 연필 한 자루로 그보다 더 길게 쓸 수 있다는 뜻입니다. 마라톤을 한다는 생각으로 공부하면 재미있을 것 같네요.

37 지우개는 왜 글씨를 지울 수 있나요?

❶ 지우개는 틀렸을 때 나타나서 도와주는 도우미야.

❷ 연필심의 알갱이들이 지우개에 옮겨 붙는 거야.

❸ 지우개에는 글씨가 지워지는 약이 들어 있어.

종이에 달라붙어 있는 흑연 알갱이

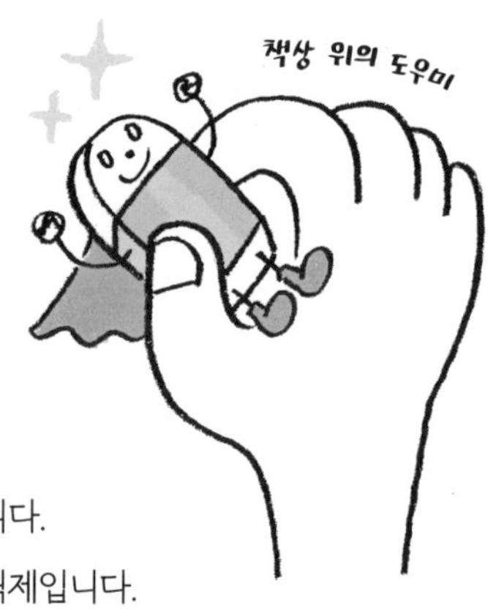

연필로 쓴 글자를 현미경으로 확대해보면
연필심의 흑연 알갱이들이 종이 위에
붙어 있는 모습이 보입니다. 여기에 플라스틱
지우개를 대고 문지르면 알갱이들이
지우개에 옮겨 붙으면서 글씨가 지워집니다.
지우개는 플라스틱이나 고무로 만드는데,
고무지우개는 플라스틱제와는 다르게
종이의 표면을 조금씩 깎아내면서 글씨를 지웁니다.
우리가 보통 사용하는 지우개는 대부분 플라스틱제입니다.

종이에 붙어 있는 연필심 알갱이들이 지우개에 옮겨 붙는 거야.

주변에 있는 학용품을 관찰하면서 우리에게 어떤 도움을 주는지 생각해보자.

38 크레파스는 왜 지우개로 지울 수 없어요?

크레파스는 종이 속까지 스며들기 때문이야.

크레파스의 기름이 종이 속까지 스며든다

크레파스는 기름과 왁스, 그리고 안료를 섞어 굳혀서 만든다고 했습니다. 종이에 크레파스를 칠하면 기름과 왁스가 안료와 함께 섬유 속까지 스며듭니다. 그래서 지우개로 문질러도 지워지지 않는 것입니다. 마찬가지로 사인펜도 잉크가 종이 속까지 스며들기 때문에 지우개로는 지울 수 없습니다.

지식 넓혀주기

처음에는 빵으로 글씨를 지웠다고?!

옛날 외국에서는 빵으로 글씨를 지웠다고 합니다. 1770년 영국의 한 화학자가 우연히 고무로 글씨가 지워지는 현상을 보고 지우개를 발명했는데, 이후 지우개는 순식간에 전 세계로 퍼졌습니다. 지금도 목탄으로 데생을 할 때 빵을 이용해서 지우는 화가가 있다고 합니다.

39 종이는 왜 풀에 붙어요?

1. 종이랑 풀은 사이가 좋대.
2. 풀과 비슷한 성분이 종이에도 들어 있거든.
3. 풀은 외로움을 잘 타서 누구하고든 붙고 싶어 한단다.

풀의 주성분은 끈적거리는 전분

만들기 시간에 사용하는 풀의 주성분은 전분입니다. 전분은 쌀이나 감자에 들어 있는 영양소로, 물과 열을 만나면 끈적끈적해집니다. 밥알을 손가락으로 누르거나 감자를 자르면 끈적끈적해지는 이유도 전분 때문입니다. 종이를 만들 때도 풀을 사용하기 때문에 우리가 바른 풀과 종이 속의 풀이 만나면 하나로 합쳐지면서 착 달라붙게 됩니다.

종이에 들어 있는 풀 성분이 종이와 풀을 달라붙게 해.

호기심 자극하기

주변에 있는 학용품에는 신기한 점이 많단다. 한 번 찾아볼까?

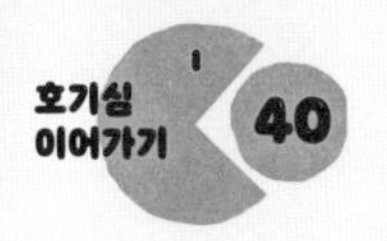

스카치테이프는 왜 붙였다 떼었다 할 수 있어요?

붙였다 떼었다 할 수 있는 점착제가 발라져 있기 때문이야.

잘 굳지 않아서 떼어내기 쉬운 점착제

스카치테이프는 한쪽 면에 점착제가 발라져 있습니다.
점착제는 다른 물질에 쉽게 달라붙지만
마르거나 굳지 않아서 떼어내기가 쉽습니다.
이에 반해 풀은 접착제로 분류됩니다.
접착제는 공기와 만나면 딱딱하게 굳어서
한 번 붙이면 떼어내기가 어렵습니다.
하지만 스카치테이프도 점착 성분이
천천히 굳기 때문에
오랜 시간이 지나면 떼어내기 어려워집니다.

순간접착제에 손가락이 붙었을 땐 어떡하죠?

순간접착제는 풀이나 스카치테이프보다 훨씬 접착력이 강합니다. 그래서 사용하다가 자칫 손가락끼리 달라붙는 일이 생깁니다. 이때는 뜨거운 물에 잠시 손가락을 담가 두면 조금씩 떨어진답니다. 물론 뜨거운 물에 화상을 입지 않도록 조심해야겠죠?

41 청소는 왜 해요?

1. 청소를 하지 않으면 엄마가 화를 내니까.
2. 방이 더러우면 귀신이 나타날지도 몰라.
3. 방에 쌓인 먼지를 마시지 않기 위해서야.

작은 입자들이 모여 먼지가 된다

방에는 우리도 모르는 사이에 작은 먼지가 쌓입니다. 먼지는 우리 주변에 있는 미세한 입자들이 모여서 생긴 것입니다. 공기 중에 떠다니던 입자들이 바닥에 떨어지고 엉겨붙으면서 먼지가 됩니다. 먼지 안에는 세균이 있어서 많이 마시면 건강에 해롭습니다.

세균이 들어 있는 먼지를 마시지 않기 위해서야.

건강하게 살려면 골고루 먹고 운동도 해야 하지만 청소도 아주 중요해.

재채기는 왜 나와요?

몸속으로 들어오는 먼지를 쫓아내기 위해서야.

먼지를 내보내기 위한 뇌의 명령

우리는 코를 통해 공기를 들이마십니다.
콧속에는 공기 중에 섞여 있는 먼지나
유해물질을 잡아서 걸러주는 코털이 있습니다.
코털에 먼지가 달라붙어 코 점막을 자극하면
뇌는 먼지를 밖으로 내보내라고 명령합니다.
그러면 우리 몸은 점막에 붙은 먼지를
제거하기 위해 한꺼번에 코로 강한 숨을 내뿜는데,
이게 바로 재채기입니다.

지식 넓혀주기

먼지가 계속 쌓이면 어떻게 돼요?

먼지가 계속 쌓이면 안에서 세균이 번식해서 우리의 건강을 위협합니다. 또한 먼지 안에 타기 쉬운 물질이 있으면 불이 붙기도 하고, 먼지의 농도가 지나치게 높으면 분진과 산소가 반응하여 폭발하는 '분진 폭발 현상'이 나타나기도 합니다. 하지만 이런 일은 매우 드문 경우로 주기적으로 청소하면 걱정하지 않아도 됩니다.

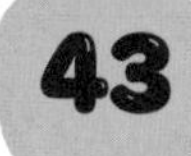

43 비누는 물에 젖으면 왜 미끈거려요?

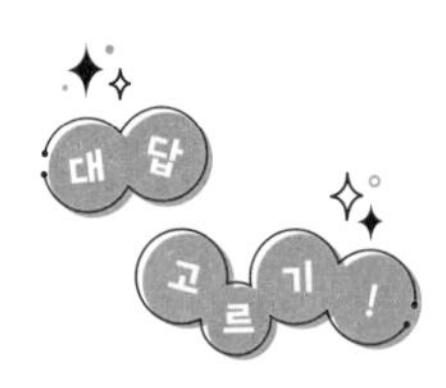

1. 비누 속 성분이 물에 녹으면 미끈거리는 막을 만들어.
2. 비누는 사람을 미끄러트리기 위해 태어났어.
3. 비누는 물에 젖으면 도망가고 싶대.

비누 표면에 미끈거리는 막이 생긴다

비누는 세제의 주성분인 계면활성제의 한 종류로,
때나 얼룩을 물에 녹게 하는 기능을 합니다.
비누가 물에 닿으면 계면활성제가 녹으면서
물분자를 끌어당깁니다.
비누와 계면활성제 사이에 물분자가 끼어들면
비누 표면에 미끈거리는 막이 생깁니다.
그래서 물에 젖은 비누는 미끌미끌한 것입니다.
욕실에서는 비누를 밟지 않도록 항상 조심해야 합니다.

비누 속 성분이 물에 녹으면 미끈거리는 막을 만들어.

호기심 자극하기

손 세정제, 주방 세제, 세탁 세제 등 집에는 어떤 세제나 비누가 있을까?

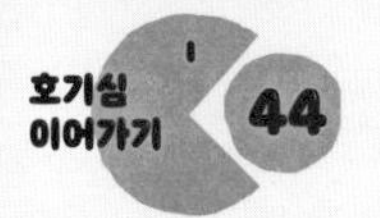

비누를 쓰면 왜 얼룩이 지워져요?

거품이 기름진 얼룩이나 때를 물에 녹여서 지워주거든.

물과 기름, 모두와 친한 계면활성제

원래 물과 기름은 서로를 밀어내기 때문에 섞이지 않습니다. 하지만 계면활성제는 물과 기름 모두와 친해서 서로 잘 섞이도록 도와줍니다. 또 계면활성제는 물과 만나 거품이 생기면 얼룩이나 때를 감싸 안아서 벗겨내는 작용도 합니다. 셔츠 깃의 찌든 때가 물로는 잘 안 지워지지만 비누로 빨면 쉽게 사라지는 이유도 계면활성제 덕분입니다.

지식 넓혀주기

비누는 무엇으로 만들어요?

비누는 기름과 알칼리성 약품을 섞어 굳혀서 만듭니다. 옛날에는 물고기나 동물의 기름, 야자유 등을 사용했지만 요즘에는 공장에서 대량으로 생산하기 때문에 화학적으로 합성하여 만든 기름을 사용합니다. 여기에 다양한 색과 향을 더하면 각양각색의 비누가 만들어집니다.

45 샴푸가 눈에 들어가면 왜 따가워요?

1. 눈을 아프게 하는 성분이 들어 있어서 그래.
2. 한 번에 다 쓰지 못하도록 심술부리는 거야.
3. 눈에는 보이지 않는 가시가 숨어 있어.

샴푸가 눈에 들어가면 바로 씻어내기

목욕을 하다 보면 물에 섞인 샴푸가
눈에 들어가기도 합니다. 그러면 따끔거리고
아프지요. 이는 샴푸에 들어 있는 성분이
눈의 얇은 피부를 자극하기 때문입니다.
눈 안쪽의 점막은 매우 얇아서
샴푸가 들어가면 마치 상처에 물이 들어간 것처럼
따갑습니다. 샴푸가 눈에 들어갔을 때는
바로 흐르는 물에 씻어내세요.

샴푸에는 눈을 따갑게 하는 성분이 들어 있어.

호기심 자극하기

익숙한 물건이라도 주의해서 다뤄야 하는 게 있어. 또 뭐가 있을까?

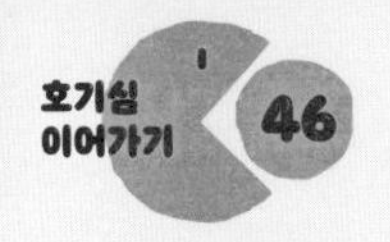

샴푸가 입에 들어가면 왜 쓴맛이 나요?

샴푸에는 쓴맛이 나는 약품이 들어 있어.

샴푸는 입에 넣지 않아요

샴푸에는 더러워진 머리를 깨끗하게 만들어주는 여러 가지 성분이 들어 있습니다. 그중에서도 알칼리성 약품이 머리의 피지를 잘 씻어줍니다. 알칼리성 약품은 입에 들어가면 쓴맛이 납니다. 샴푸도 다른 세제와 마찬가지로 입에 넣지 않도록 조심해야 합니다.

지식 넓혀주기

옛날 사람들은 머리를 감지 않았다고?!

지금은 하루에 한 번 머리를 감는 것이 일반적이지만 옛날에는 그렇지 않았습니다. 옛날 사람들은 한 달에 한두 번 정도 머리를 감았고, 평소에는 빗으로 먼지와 때를 제거했습니다. 1860년도 후반이 되어서야 가루비누로 머리를 감기 시작했다고 합니다. 매일 머리를 감는 습관이 생겨난 지는 그리 오래되지 않았답니다.

47 화장실 거울에는 왜 그림이 그려져요?

1. 화장실에 사는 귀신이 장난친 거야.
2. 거울에 작은 물방울이 붙으면서 하얗게 흐려지기 때문이야.
3. 거울에 작은 구름이 달라붙어서 그래.

물방울이 빛을 반사하면 뿌예진다

욕실 안에서 증발한 수증기는 차가운 벽이나 천장, 거울에 달라붙어 물방울이 됩니다. 동그란 모양으로 달라붙은 물방울은 거울 표면을 울록불록하게 만들어 다양한 각도로 빛을 반사합니다. 이를 '난반사'라고 하는데, 난반사가 일어나면 빛을 반사할 때와는 달리 거울은 앞에 있는 물체의 색을 제대로 비추지 못합니다. 그래서 하얗게 흐려지고 손가락으로 그림을 그릴 수 있는 것입니다.

거울에 작은 물방울이 붙으면서 하얗게 흐려지기 때문이야.

호기심 자극하기

욕실 거울에 같이 그림을 그려볼까?

48 버스 창문은 왜 뿌예져요?

차 안에 있는 수분이 증발해서 유리창에 달라붙기 때문이야.

버스 유리창에도 난반사가 일어난다

버스나 전철을 타고 가다 보면 유리창이
뿌옇게 흐려지는 경우가 있습니다.
이는 엔진이나 사람에게서 나오는 열로
내부가 뜨거워지면서 입김과 옷,
차 안에 있던 수분이 증발하기 때문입니다.
증발한 수분은 유리창에 달라붙어 물방울이 되고
유리 표면을 울록불록하게 만듭니다.
이때 욕실 거울처럼 난반사가 일어나면서
유리창이 뿌예지는 것입니다.

지식 넓혀주기

거울이 뿌예지지 않으려면?

난반사가 일어나지 않게 하려면 물방울이 달라붙어도 동그란 모양을 유지하지 못하도록 표면을 매끈하게 만들면 됩니다. 유리 표면에 비누 액이나 계면활성제 성분을 발라두면 물방울을 거울 쪽으로 끌어당기는 힘이 생겨서 동그란 모양을 무너뜨립니다. 그러면 난반사가 일어나지 않고 거울도 뿌예지지 않습니다.

49 밤에는 왜 자야 해요?

1. 몸의 스위치가 꺼져버리기 때문이야.
2. 충분히 쉬어야 다음날 힘을 낼 수 있거든.
3. 깨어 있으면 무서운 괴물이 나타나서 잡아가버려.

자는 동안 휴식을 취하는 몸과 뇌

밤이 깊어지면 우리 몸은 피곤을 느껴 쉬고 싶어 합니다. 이는 매우 자연스러운 현상입니다. 낮 동안 몸과 뇌는 계속 움직입니다. 그래서 밤에 잠을 자지 않으면 정작 움직여야 할 때 제대로 움직이지 못합니다. 또 머리가 멍해지고 넘어져서 다치기도 합니다. 졸리지 않더라도 몸을 쉬게 하기 위해 밤에는 반드시 잠을 자야 합니다.

몸을 충분히 쉬게 해줘야 아침에 힘을 낼 수 있거든.

깨어 있는 시간만큼 자는 시간도 중요하단다. 푹 자고 내일도 힘내서 놀자.

점심시간이 끝나면 왜 졸려요?

몸속에 있는 시계가 졸음을 느끼는 시간이기 때문이야.

밥을 먹어도 졸리고 먹지 않아도 졸리다

점심을 먹고 나면 졸음이 오는데, 이는 꼭 식사 때문만은 아닙니다. 사람의 생체시계는 12시간 간격으로 졸음을 느끼는데, 점심 식사 후인 오후 2시 정도가 딱 졸음이 오는 시간이라고 합니다. 이 시간에 짧게라도 낮잠을 자면 머리가 맑아지고 밖에 나가 햇볕을 쬐면 졸음을 쫓을 수 있습니다.

지식 넓혀주기

계속 잠을 자지 않으면 어떻게 돼요?

잠을 자는 동안 몸과 뇌는 휴식을 취합니다. 하지만 쉬기만 하는 것은 아닙니다. 몸의 일부가 성장하고 몸에 들어온 병균을 퇴치하기도 합니다. 또 뇌의 일부분에서는 여러 가지 생각을 꺼내서 정리하고 기억하는 활동이 일어납니다. 잠을 계속 자지 않으면 이와 같은 활동을 하지 못해서 감기가 잘 낫지 않고, 배운 것을 제대로 기억하지 못합니다.

51 꿈은 왜 꿔요?

1. 꿈은 신이 보내는 메시지란다.
2. 깨어 있을 때 보거나 생각한 일들을 떠올리는 거야.
3. 눈꺼풀 뒤로 다른 세계가 보이는 거야.

잘 때도 일부분은 깨어 있는 뇌

우리가 밤에 잠을 자는 이유는
몸을 쉬게 하고 피로를 풀기 위해서입니다.
잘 때는 뇌도 움직임을 멈추지만
뇌의 모든 부분이 쉬는 것은 아닙니다.
뇌의 일부분은 잠을 잘 때도 활동하면서
깨어 있을 때 보거나 생각한 일들을 떠올립니다.
그날 있었던 일을 떠올리기도 하고,
몇 년 전의 일을 꺼내 보기도 합니다.
이것이 바로 꿈입니다.

깨어 있을 때 보거나 생각한 일들을 떠올리는 거야.

호기심 자극하기

어젯밤에는 어떤 꿈을 꿨어? 엄마, 아빠에게 말해줄래?

왜 같은 꿈을 꿀 순 없어요?

잘 때는 우리 마음대로 생각을 바꿀 수 없어.

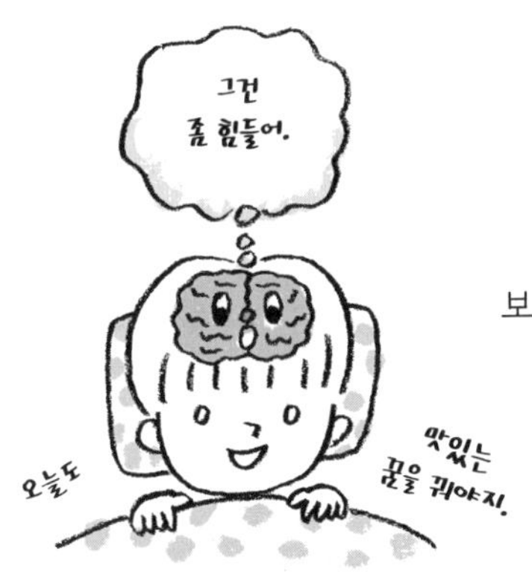

잘 때는 원하는 대로 생각할 수 없다

깨어 있을 때는 자신이 원하는 대로 움직이고 보고 생각할 수 있습니다. 하지만 잘 때는 마음대로 뇌의 활동을 결정할 수 없습니다. 보고 싶은 것을 보거나 자유롭게 생각할 수 없지요. 따라서 내가 원하는 꿈을 반복해서 꾸기란 불가능합니다. 오히려 꾸고 싶지 않은 꿈을 자주 꾸는 경우는 있습니다.

지식 넓혀주기

꿈은 하룻밤에 한 개씩 꾼다?!

아침에 일어나면 우리는 꿈의 내용을 대부분 잊어버립니다. 사람은 잘 때 보통 다섯 번 정도 꿈을 꾸는데, 깨어나면 이 중 일부만을 기억한다고 합니다. 꿈을 하나도 꾸지 않았다고 느끼는 날도 사실은 꿈을 꿨는데 기억하지 못할 뿐입니다.

53 왜 '메롱'이라고 해요?

1. 혀를 내밀고도 발음할 수 있는 말이거든.
2. 상대방을 기분 나쁘게 하는 주문이야.
3. 메롱이라고 하면 속상한 마음이 사라진대.

눈의 빨간 부분을 보이면서 상대방을 기분 나쁘게 하기

우리는 보통 누군가를 놀릴 때 '메롱'이라고 하면서 손가락으로 아래 눈꺼풀을 내리고 혀를 내밉니다. 눈 아래쪽 빨간 부분을 보여주면서 상대방을 기분 나쁘게 하는 동시에 화나고 속상한 마음을 표현하는 것이지요. 메롱이라는 단어의 어원은 정확하게 밝혀지지 않았습니다. 다만, 혀를 내밀면서 발음하기에 적당한 단어라서 생겨났다는 설이 있습니다.

혀를 내밀고도 발음할 수 있어서 그래.

호기심 자극하기

기분을 표현하는 몸짓에는 또 어떤 것들이 있을까?

'메롱'할 때는 왜 혀를 내밀어요?

상대를 놀려 주고 싶은 마음을 표현하기 위해서야.

혀를 내미는 행동에는 다양한 의미가 있다

'메롱'을 할 때 눈 아래쪽 빨간 부분을 보여주면서 상대방의 기분을 나쁘게 하듯 일부러 혀를 내미는 행동은 상대를 놀리고 무시하는 마음을 표현하는 것입니다. 이 외에도 혀를 내미는 동작에는 다양한 의미가 숨어 있습니다. 어떤 일을 깜박했거나 기분이 멋쩍을 때도 혀를 내밀고, 한 가지 일에 열중하다가 자기도 모르게 혀가 나오기도 합니다.

지식 넓혀주기

좋아하는 마음을 표현하는 행동은 뭘까?

좋아하는 마음을 표현하는 행동에는 안아주기와 뽀뽀가 있습니다. 우리는 좋아하는 사람에게 뽀뽀를 하거나 안아주면서 마음을 전합니다. 상대방에게 '메롱'하면서 놀리기보다는 뽀뽀를 하거나 안아주면서 좋아하는 마음을 표현하는 편이 훨씬 즐겁답니다.

아이가 배워가는 과정을 함께 즐겨보세요

비가 계속 내리던 어느 날, 유치원 버스에서 내린 아이는 집에 들어갈 생각이 없어 보였습니다.

"엄마, 비는 하늘에서 와서 커다란 나무를 씻겨주고는 어디로 가는 거야?"

아이가 물었습니다. 엄마는 아이가 비를 보며 한 생각이 놀랍고 기특했습니다.

"엄마, 우리 장화 신고 시장 가자. 비가 어디로 가는지 따라가 볼래!"

비옷을 입고 장화를 신은 아이는 엄마와 함께 장바구니를 들고 산책에 나섰습니다.

"어제 비가 올 때는 하늘이 하얬는데 오늘은 비가 오니까 까매졌어. 엄마, 그거 알아? 비가 오면 유치원 버스 바퀴랑 분홍색 터널이 반짝거려. 이것 봐봐. 내 장화도 반짝거리잖아."

"정말이네. 엄마는 전혀 몰랐는데 비는 모든 걸 예쁘게 해주는구나. 알려줘서 고마워."

엄마의 말에 신이 난 아이는 계속해서 자신이 발견한 것들을 재밌게 이야기했습니다.

무언가를 가르쳐주는 일만이 부모의 역할은 아닙니다. 아이의 작은 발견을 함께 즐겨주기만 해도 아이는 더 열심히 배우려고 노력합니다.

Part 3
밖에서 하는 질문

아이는 생각지도 못한 질문을 던집니다.
이때 부모가 어떻게 말하고 행동하느냐에 따라
아이의 '배움의 싹'은 다른 모습으로 자라납니다.

식물이 궁금해요

계절마다 색을 바꾸는 식물은 아이의 시선을 자주 사로잡습니다. 함께 공원을 산책할 때가 아이의 질문에 제대로 답해줄 기회입니다.

동물이 궁금해요

아이는 자신과 다르게 생긴 동물에게 관심이 많습니다. 동물원에서 아이와 함께 궁금한 점들을 찾아보세요.

사물이 궁금해요

길을 걷다가 보이는 기계를 주의 깊게 살펴보세요. 새롭게 바라보고 생각하면 어른에게도 아리송한 궁금증이 생길 것입니다.

자연이 궁금해요

매일 올려다보는 하늘에도 신기한 점들이 가득합니다. 산이나 바다에 놀러 갔을 때 아이와 함께 천천히 주위를 바라보세요. 평생 가슴에 남을 만한 질문을 발견할지도 모릅니다.

55 나팔꽃은 왜 아침에 피어요?

1. 나팔꽃은 아침에 일찍 일어나거든.
2. 꿀벌이 꽃가루를 옮기는 시간에 맞춰 피는 거야.
3. 일어나자마자 아름다운 모습을 보여주어 사람들을 기쁘게 하는 거야.

번식을 위해 곤충의 활동 시간에 맞춘다

나팔꽃은 해가 지고 10시간 정도가 지나면 활짝 핍니다. 보통 여름에 피기 때문에 오후 7시쯤 해가 지면 10시간 후인 오전 5시에 꽃이 피지요. 이는 꽃가루를 옮겨주는 꿀벌과 나비의 활동 시간인 오전에 피어 있기 위해서입니다. 하지만 나팔꽃이 꼭 곤충의 도움만 기다리진 않습니다. 자신의 암술과 수술을 이용해 스스로 꽃가루를 옮기는 자가수분도 합니다.

꿀벌과 나비가 꽃가루를 옮겨주도록 곤충의 활동 시간에 맞추는 거야.

호기심 자극하기

꽃마다 피는 시간이 언제인지 알아볼까? 꽃이 피는 시간은 왜 다를까?

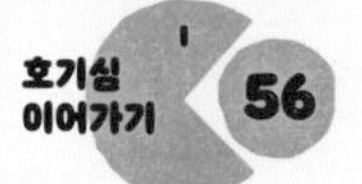

튤립은 왜 밤이 되면 오므라들어요?

밤이 되면 튤립의 바깥쪽 꽃잎이 자라나서 안쪽을 덮기 때문이야.

안쪽과 바깥쪽 꽃잎이 교대로 자라는 튤립

튤립은 낮에 활짝 피었다가 밤이 되면 오므라듭니다. 이는 온도와 빛에 따라 꽃잎이 자라는 속도가 다르기 때문인데요. 빛이 강하고 온도가 높은 낮에는 안쪽 꽃잎이 위로 자라나서 꽃잎이 벌어지고, 어둡고 추운 밤이 되면 바깥쪽 꽃잎이 자라서 안쪽 꽃잎을 덮습니다. 낮에 곤충이 암술과 수술을 찾기 쉽도록 짜낸 방법입니다.

꽃마다 피는 시간이 달라요

나팔꽃 외에도 피는 시간이 정해져 있는 꽃이 있습니다. 민들레는 튤립처럼 낮에 피고 밤에 집니다. 분꽃은 여름 저녁 무렵, 해가 저물기 3시간 전에 핍니다. 큰달맞이꽃은 여름밤 해가 지고 20분 정도가 지나면 일제히 커다란 꽃잎을 벌립니다. 가루받이를 해주는 박각시나방의 도움을 받기 위해서지요.

57 가을이 되면 왜 잎의 색깔이 변해요?

1. 가을이 되면 나뭇잎에 들어 있는 색소에 변화가 생겨.
2. 아이들이 예쁜 색깔의 낙엽을 기다려서 그래.
3. 계절이 변했다는 걸 알려주는 거야.

다음 계절을 준비하기 위해 색을 바꾸는 나뭇잎

나뭇잎이 초록색으로 보이는 이유는
엽록소라는 녹색 색소가 들어 있기 때문입니다.
가을이 되어 낮이 짧아지면 엽록소가 점점
파괴되는데, 이에 따라 그동안 보이지 않던
노랑이나 빨간 색소가 도드라지기 시작합니다.
그래서 나뭇잎이 울긋불긋해지는 것이지요.
특히 붉은색 단풍잎은 기온이 떨어지면서 생겨난
빨간 색소인 '안토시안'의 영향을 받는다고 합니다.

가을이 되면 기온이 떨어지면서 나뭇잎에 든 색소에 변화가 생겨.

호기심 자극하기

노란색이나 빨간색으로 변하는 나무도 있고 그대로인 나무도 있어. 같이 찾아볼까?

58 겨울이 되면 왜 잎이 떨어져요?

겨울을 지내는 동안 나무가 쉬기 위해서야.

잎을 떨어뜨리고 봄을 기다리는 나무

나뭇잎은 나무가 자라는 데 필요한 영양소를 만듭니다. 하지만 가을이 되어 엽록소가 파괴되면 겨울에는 더 이상 영양소를 만들지 못하지요. 그러면 나무도 잎을 붙잡아둘 힘을 잃어버려서 하나둘씩 낙엽이 지는 것입니다. 잎이 다 떨어진 나무는 다시 햇빛이 강해지는 봄을 기다리며 겨울 동안 쉽니다.

지식 넓혀주기

일 년 내내 푸르른 상록수

나무는 대부분 가을이나 겨울이 되면 잎의 색을 바꿉니다. 하지만 소나무처럼 일 년 내내 녹색 잎을 달고 사는 나무도 있습니다. 이러한 나무를 '상록수'라고 하지요. 상록수는 겨울이 오면 잎의 당분을 증가시켜 낮은 기온에서도 초록색 잎을 유지할 수 있도록 합니다. 겨울에도 잎이 떨어지지 않는 식물은 살아남기 위해 최선을 다하고 있답니다.

59 씨앗을 심으면 왜 싹이 나요?

1. 흙 속의 벌레들이 씨앗을 키워준대.
2. 흙 속에 오래 있으면 외로워지거든.
3. 씨앗에는 나중에 식물의 뿌리와 잎이 될 부분이 들어 있어.

씨앗은 양분을 흡수하며 쑥쑥 자란다

씨앗에는 나중에 식물의 뿌리나 잎으로 자랄 부분이 들어 있습니다. 흙 속에 씨앗을 심은 뒤 식물에게 딱 맞는 온도와 습도가 갖춰지면 머지않아 싹이 납니다. 뒤이어 잎이 자라고 잎에서 만든 전분과 뿌리에서 빨아올린 수분, 그리고 흙 속의 영양분을 토대로 식물은 무럭무럭 성장합니다.

씨앗에 들어 있는 식물의 뿌리나 잎이 될 부분이 흙 속에서 자라는 거야.

씨를 심고 식물이 자라는 모습을 자세히 관찰해보자.

왜 잎이 나온 다음에 꽃이 피어요?

영양분이 잎에 전달된 다음에 꽃으로 가기 때문이야.

영양분은 먼저 줄기와 가지, 잎에 전달된다

잎이 최선을 다해준 덕분에

꽃이 피었습니다.

꽃이 피는 식물은 일반적으로 잎이 자란 다음에 꽃이 핍니다. 잎과 꽃이 동시에 자라지 않는 이유는 잎이 물과 햇빛으로 영양분을 만들면 줄기와 가지, 잎에 먼저 나눠주기 때문입니다. 줄기와 가지, 잎에 영양분이 충분히 전달되면 꽃봉오리가 나오고 이어서 꽃이 핍니다. 많은 식물이 봄에 꽃을 피우는 이유는 기온이나 습도가 식물에게 적당하기 때문입니다.

지식 넓혀주기

나무는 어디까지 자라요?

씨앗에서 나온 조그만 싹이 커다란 나무로 자라는 이유는 식물의 세포가 늘어나기 때문입니다. 식물은 환경만 잘 갖춰주면 세포 수가 늘면서 무럭무럭 성장합니다. 하지만 계속 크지는 않고 식물마다 지닌 특성에 맞게 일정 크기가 되면 더 이상 자라지 않습니다. 또 물이나 햇빛이 사라지면 영양소를 만드는 광합성을 하지 못해 성장하지 못합니다.

61 하늘은 왜 파래요?

❶ 천사가 하늘에 파란 물감을 칠했대.

❷ 바다의 파란색이 하늘에 비친 거야.

❸ 햇빛에 들어 있는 파란빛이 지구에 닿기 쉬워서 그래.

일곱 빛깔 중 가장 많이 산란하는 파랑

사실 햇빛 속에는 빨, 주, 노, 초, 파, 남, 보 일곱 빛깔이 모두 들어 있습니다. 태양에서 나오는 햇빛은 지구의 공기 입자와 부딪히면 여러 방향으로 튀고 흩어집니다. 이를 '빛의 산란'이라고 하지요. 특히 맑게 갠 하늘에서는 산란이 더 잘 일어납니다. 이때 파란빛이 빨간빛보다 더 많이 산란하여 퍼지기 때문에 우리 눈에는 하늘이 파랗게 보이는 것입니다.

맑은 날에는 햇빛에 들어 있는 파란빛이 우리 눈에 더 잘 보인대.

햇빛은 빨, 주, 노, 초, 파, 남, 보 일곱 빛깔이 모두 모여서 투명해진 거란다.

저녁이 되면 왜 하늘이 빨개져요?

저녁에는 햇빛에 들어 있는 빨간빛이 잘 보이기 때문이야.

일곱 빛깔 중 가장 적게 산란하는 빨강

저녁이 되면 태양의 위치가 낮아져서 햇빛이 지구에 도달하려면 낮보다 더 두꺼운 공기층을 통과해야 합니다. 그래서 쉽게 산란하는 파란빛은 공기층을 통과하는 도중에 모두 흩어져 버리고, 적게 산란하는 빨간빛만이 끝까지 남아서 지구에 도달하지요. 노을이 붉게 보이는 이유가 바로 여기에 있습니다.

지식 넓혀주기

무지개는 왜 생겨요?

일곱 빛깔이 섞여 투명해진 빛이 가끔씩 일곱 가지 색깔을 모두 드러낼 때가 있습니다. 바로 무지개입니다. 무지개는 햇빛이 공기 중에 있는 물 입자와 만날 때 만들어집니다. 색깔마다 물을 통과할 때 구부러지는 정도가 다르다 보니 빛이 일곱 가지 색깔로 나뉘면서 무지개가 나타나는 것입니다. 아름다운 무지개는 사람들의 마음을 기쁘게 하지요.

자연

63 구름은 왜 하늘에 떠 있어요?

1. 구름은 민들레 솜털로 만들어졌거든.
2. 바람이 구름을 밀어 올리는 거야.
3. 천사들이 구름을 타고 놀아서 그래.

떨어지는 구름을 밀어 올려주는 바람

강물과 바닷물이 증발하면 매우 작은 물방울이 되고, 이 물방울이 날아올라 한데 뭉치면 구름이 만들어집니다. 매우 높은 곳에 떠 있는 구름이 있는데, 높은 곳은 온도가 낮다 보니 구름에 얼음 알갱이가 섞여 있기도 합니다. 구름은 가만히 두면 조금씩 밑으로 내려옵니다. 하지만 밑에서 불어오는 바람이 구름을 계속 밀어 올리기 때문에 하늘에 떠 있는 것입니다.

민들레 솜털

밑에서 불어오는 바람이 구름을 밀어 올려주기 때문이야.

호기심 자극하기

구름도 색깔이 다양해. 그건 빛을 반사하는 방식이 다르기 때문이야.

구름은 왜 하얘요?

구름이 하얀 이유는 빛이 여러 방향으로 반사되기 때문이야.

사물을 하얗게 보이게 하는 난반사

바다가 파랗게 보이는 이유는 햇빛 속에 들어 있는 파란빛이 물 입자와 부딪혀 산란하기 때문입니다. 구름은 바다와 달리 매우 작은 물방울과 얼음 알갱이가 모여 만들어졌기 때문에 빛을 한 방향이 아닌 여러 방향으로 반사합니다. 이를 난반사라고 하지요. 난반사는 사물의 색을 지우고 하얗게 보이게 하는 성질이 있어서 구름이 하얗게 보이는 것입니다.

지식 넓혀주기

비구름은 왜 까매요?

구름은 증발한 물방울과 작은 얼음 알갱이가 모여 만들어집니다. 물방울과 얼음 알갱이가 점점 더 많아져서 비가 되어 떨어질 즈음에는 구름이 매우 두꺼운 상태가 됩니다. 두꺼우면 햇빛이 통과하기 어렵기 때문에 빛이 닿지 않는 부분은 까맣게 보이는 것입니다. 그래서 비구름은 까만색을 띱니다.

65 물웅덩이는 왜 생겨요?

❶ 웅덩이에서 찰박거리며 놀아야 하잖아.

❷ 새랑 벌레들에게 물을 주기 위해서야.

❸ 땅이 움푹 파인 곳에 물이 고이기 때문이야.

땅이 움푹 파인 곳이나 꺼진 곳에 생긴다

물웅덩이는 비가 온 뒤 땅이 움푹 파인 곳에 생깁니다. 비가 그친 뒤에도 증발하지 않고 남은 물이나 배수구로 빠지지 못한 물이 땅에 스며들지 않고 고여서 웅덩이가 됩니다. 포장되지 않은 흙길에서는 토양이 유실된 곳이나 자동차 바퀴 자국으로 인해 생기기도 합니다. 콘크리트로 포장된 도로여도 땅이 푹 꺼진 곳이 있으면 물이 고입니다.

비가 내리면 땅이 움푹 파인 곳에 물이 고이기 때문이야.

호기심 자극하기

내린 비는 어디로 갈까? 빗물이 흘러들어간 강은 어디로 이어질까? 물이 어떤 곳을 여행할지 생각해보자.

물웅덩이는 왜 없어져요?

물이 증발하거나 다른 곳으로 흘러가기 때문이야.

물웅덩이가 오래되면 진흙탕이 된다

웅덩이의 물은 맑은 날이 이어지면 결국 사라집니다. 고여 있던 물이 증발하거나 흙으로 스며들기 때문이지요. 또 차가 지나다니면서 다른 곳으로 튀기도 합니다. 포장된 도로에서는 웅덩이의 물이 조금씩 배수구로 빠집니다. 하지만 포장되지 않은 흙길에서는 진흙탕이 되어 있으니 조심해야 합니다.

빗물은 흘러서 어디로 가요?

비가 내리면 도로 옆에 있는 배수구로 물이 빠집니다. 배수구로 빠진 물은 우수관이라는 파이프를 지나 강과 바다로 흘러갑니다. 집이나 건물 안에서 쓴 물은 오수관을 거쳐 하수처리장으로 보내집니다. 마실 수 있을 만큼 깨끗해진 물은 다시 급수장을 거쳐 우리 집으로 돌아옵니다.

67 신호등의 정지 신호는 왜 빨간색이에요?

1. 가장 눈에 띄는 색이라서 그래.
2. 모두가 좋아하는 색이니까.
3. 신호등을 만든 사람이 빨간색을 좋아한대.

뇌에 가장 빨리 전달되는 빨강

신호등에는 눈에 잘 띄고 뇌에 빨리 전달되는 색을 사용합니다. 우리 뇌에 가장 빨리 전달되는 색은 빨강입니다. 도로에서 신호에 따라 사람과 차가 멈추지 않으면 사고가 날 수 있습니다. 이를 막기 위해서 정지 신호에는 가장 눈에 띄고 뇌에 빨리 전달되는 빨강을 씁니다.

빨강이 가장 눈에 띄고 뇌에 빨리 전달되기 때문이야.

호기심 자극하기

세계의 신호등을 조사해볼까? 색은 같아도 모양은 다 제각각이란다.

신호등에는 왜 빨강, 노랑, 초록을 써요?

보는 순간 바로 색을 구분할 수 있기 때문이야.

신호등 색은 전 세계가 똑같다

신호등에 사용되는 빨강, 노랑, 초록은 우리 뇌에 가장 빨리 전달되는 색입니다. 그중에서도 제일 먼저 전달되는 색이 빨강, 다음이 노랑, 세 번째가 초록이지요. 위험한 상황에서 생명을 지켜야 하는 만큼 이 색들이 신호등에 사용된 것입니다. 전 세계적으로 신호등의 색깔과 의미는 모두 같습니다.

지식 넓혀주기

가로형과 세로형 신호등은 뭐가 달라요?

신호등은 가로형과 세로형이 있습니다. 가로형은 오른쪽부터 초록, 노랑, 빨강 순으로 빨강이 도로의 가장 안쪽에 위치합니다. 이는 도로 옆에 간판이 있더라도 가장 중요한 빨강만큼은 눈에 분명히 들어오도록 하기 위함입니다. 세로형은 위에서부터 빨강, 노랑, 초록 순으로 정렬되어 있습니다. 눈이 많이 오는 지역에서는 눈이 높이 쌓이더라도 빨강만큼은 잘 보이도록 세로형 신호등을 많이 사용합니다.

69 자동문은 왜 스스로 열려요?

1. 로봇이 지키고 있다가 열어주는 거야.
2. 눈에 보이지 않는 빛을 사람이 가리면 반응하는 거야.
3. 문 앞에 잘 보이지 않는 버튼이 달려 있어.

눈에 보이지 않는 빛, 적외선

자동문은 대부분 적외선 센서로 열립니다.
적외선은 사람 눈에 보이지 않는 빛으로,
자동문에 달려 있는 기계에서 나옵니다.
방출되는 적외선 빛을 사람이 몸으로 가리면
센서가 반응하면서 문이 열립니다.
손잡이를 누르면 열리는 것도 있는데,
이는 손잡이에 버튼이 달려 있기 때문입니다.

눈에 보이지 않는 적외선이라는 빛을 사람이 가리면 반응하는 거야.

문에는 다양한 종류가 있단다. 밖에 나갔을 때 유심히 살펴보렴.

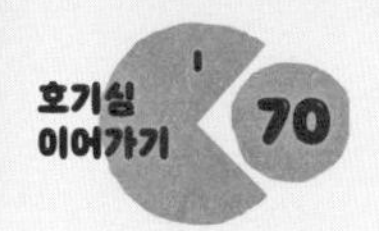

냉장고 문은 왜 자동으로 열리지 않아요?

자석과 고무 패킹이 문에 착 달라붙기 때문이야.

냉기가 빠져나가지 못하도록 꽉 닫힌다

냉장고 문에는 자석과 고무 패킹이 달려 있습니다.
문을 닫으면 자석끼리 서로 달라붙고
고무 패킹이 냉장고에 밀착되기 때문에
냉기가 빠져나가지 못합니다.
쉽게 냉장고 문이 열리면
냉기가 빠져나가 음식이 빨리 상하고
불필요한 전기를 쓰게 됩니다.

지식 넓혀주기

아주 먼 옛날에도 자동문이 있었다

빌딩도 비행기도 없던 시절 자동문이 있었다고 합니다. 기원전 100년경 그리스에 수학과 물리에 뛰어난 헤론이라는 발명가가 있었습니다. 그는 불을 피워서 뜨거워진 공기의 압력을 이용해 문이 자동으로 열리는 기계를 만들었습니다. 실제로 헤론이 설계한 신전의 문에는 이 자동문이 사용됐다고 합니다.

71 모기에 물리면 왜 가려워요?

1. 사실은 가렵지 않은데 그런 기분이 드는 것뿐이야.
2. 내가 널 물었다고 모기가 표시를 남겨둔 거래.
3. 가려움을 일으키는 모기의 침이 우리 몸에 들어오기 때문이야.

가려움의 원인은 모기의 침

모기에 물리면 물린 곳이 빨갛게 부풀어 오르고 가렵습니다. 이는 모기의 침이 우리 몸에 들어오기 때문입니다.
모기의 침에는 단백질 성분이 들어 있는데, 이것이 사람의 몸에는 맞지 않다 보니 자극을 주고 가려움을 느끼게 합니다.
말하자면 우리 몸이 낯선 모기의 침에 과잉 반응하여 알레르기를 일으키는 것입니다.

가려움을 일으키는 모기의 침이 우리 몸에 들어오기 때문이야.

호기심 자극하기

모기에 물리면 긁지 말고 꾹 참아야 해. 한 번 긁기 시작하면 더 간지러워지거든.

72 모기는 왜 나만 물어요?

혈액형에 따라서 모기에 잘 물리는 사람이 있단다.

모기는 O형을 더 좋아한다!?

모기가 사람을 가려가며 물지는 않습니다.
그런데도 다른 사람은 물리지 않았는데
나만 물렸다고 하는 사람을 종종 볼 수 있습니다.
이것은 사람의 혈액형과 관련이 있습니다.
모기는 다른 혈액형에 비해 O형인 사람들의 피 냄새를
꽃에서 나는 꿀 향기처럼 느낀다고 합니다.
이 때문에 O형인 사람이 모기에 잘 물린다는 설이 있습니다.

모기는 왜 피를 빨아요?

모든 모기가 사람의 피를 빨지는 않습니다. 산란기에 들어간 암컷 모기만이 사람의 피를 빨지요. 알을 낳아야 하는 암컷 모기는 많은 영양분이 필요하다 보니 사람의 피를 먹습니다. 사람은 산소를 들이마시고 이산화탄소를 내뿜는데, 모기는 이산화탄소의 농도가 높은 곳을 좋아합니다. 또 땀을 자주 흘리거나 체온이 높은 사람 주위에도 많이 모여든다고 합니다.

동물

73 개미는 왜 줄지어 다녀요?

1. 작아서 밟히기 쉬우니까 눈에 띄려는 거야.
2. 먹이를 발견한 개미가 흔적을 남기기 때문이야.
3. 개미 학교에서 줄지어 다니라고 가르치거든.

개미의 몸에서 나오는 '길잡이 페로몬'

개미는 곤충의 사체나 과자 부스러기를 발견하면 제일 앞에 선 개미가 조각을 입에 물고 집으로 가져갑니다. 이때 개미의 몸에서는 '길잡이 페로몬'이 나오는데, 이것을 조금씩 땅에 묻히면서 지나갑니다. 그러면 근처에 있던 개미들이 모여서 길잡이 페로몬을 토대로 먹이를 찾아 함께 옮깁니다. 그래서 개미가 줄지어 다니는 것입니다.

먹이를 발견한 개미가 '길잡이 페로몬'을 남기기 때문이야.

호기심 자극하기

곤충이 먹이를 찾고 몸을 지키는 법, 새끼를 기르는 법을 알아보자. 재밌는 점을 발견하게 될 거야.

공벌레는 왜 몸을 동그랗게 말아요?

공격당했을 때 머리와 배를 보호하기 위해서야.

공벌레는 딱딱한 등딱지로 머리와 배를 보호한다

공벌레의 등딱지는 머리와 배에 비해 딱딱합니다. 공벌레는 개미와 같은 적에게 공격당하거나 사람이 손으로 쿡쿡 찌르면 동그랗게 몸을 마는데, 이는 등딱지로 머리와 배를 보호하기 위함입니다. 참고로 공벌레와 닮은 쥐며느리는 발이 빨라서 적이 공격하면 잽싸게 도망칩니다.

지식 넓혀주기

방이 무수히 많은 개미집

개미는 흙 속에 집을 짓습니다. 땅 위에 난 구멍만 봐서는 알기 어렵지만, 안쪽에는 먹이를 저장하는 방, 아이를 키우는 방처럼 수많은 방이 있고 서로 연결되어 있습니다. 개미는 매우 작은 생물이어서 여러 마리가 함께 모여 생활합니다. 수컷 개미, 여왕개미, 병정개미, 일개미 등 각각의 역할이 있고 하나의 사회를 형성하고 있지요..

75 물고기는 왜 겨울에도 물속에서 살 수 있어요?

1. 사실은 추운데 참고 있는 거야.
2. 추워지면 물이 따뜻한 남쪽 바다로 여행을 떠난단다.
3. 물고기에게는 온도가 딱 알맞대.

살기에 적합한 온도의 물에서만 사는 물고기

물고기는 자신들이 살기에 적합한 온도의 물에서만 삽니다. 우리는 차갑다고 느껴도 물고기에게는 딱 알맞은 온도인 것입니다. 하지만 같은 장소여도 여름과 겨울은 온도 차가 크게 납니다. 그래서 물이 차가워지는 겨울에는 따뜻한 물밑이나 돌 옆에 붙어 가만히 있을 때도 있습니다. 물고기에게도 겨울은 추운 모양입니다

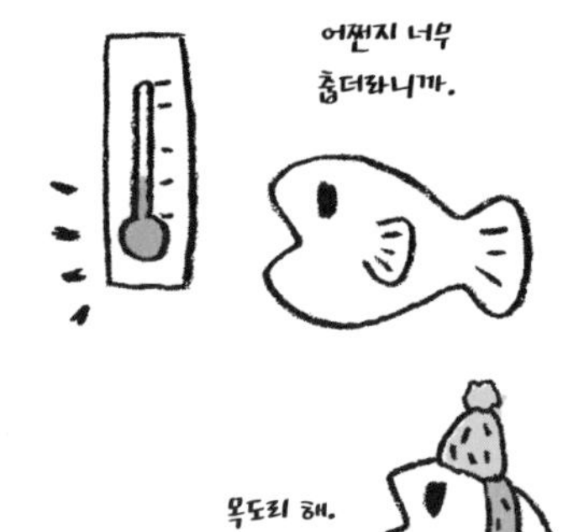

사람에게는 차갑게 느껴져도 물고기에게는 딱 알맞은 온도래.

호기심 자극하기

금붕어, 송사리, 구피 등 물고기마다 어떤 물을 좋아하는지 알아볼까?

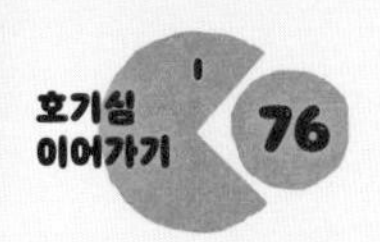

물고기는 왜 추운데 따뜻한 곳으로 안 가요?

이미 자신이 살기에 알맞은 물을 골랐기 때문이야.

물고기는 자신에게 알맞은 물을 선택한다

보기에는 모든 물이 다 비슷해 보이지만 물은 지역에 따라 온도뿐 아니라 성질, 안에 사는 미생물까지 전부 다릅니다. 가령 따뜻한 물을 좋아하는 물고기가 차가운 물로 이동하거나 차가운 물을 좋아하는 물고기를 따뜻한 수조로 옮기면 죽기도 합니다. 물고기는 이미 자신들이 쾌적하게 살 수 있는 물을 고민해서 선택한 것입니다.

지식 넓혀주기

물고기는 어떻게 자요?

눈꺼풀이 없어서 구별하기 힘들지만 물고기도 잠을 잡니다. 보통 돌이나 수초 옆에서 움직이지 않고 눈을 뜬 채로 잡니다. 낮에 자는 물고기도 있고 밤에 자는 물고기도 있습니다. 다만, 참치는 스스로 아가미뚜껑을 움직이지 못해서 잠시라도 헤엄치지 않으면 죽을 수 있습니다. 그래서 헤엄을 치면서 잡니다.

77 개는 왜 무엇이든 냄새를 맡아요?

1. 뭐든지 먹이라고 생각해서 그래.
2. 냄새에 들어 있는 정보를 읽는 거야.
3. 항상 뭔가를 찾고 있기 때문이야.

개는 냄새로 정보를 읽는다

개의 후각은 인간보다 1,000배 내지는
1억 배 이상 뛰어나다고 합니다.
개는 냄새에 들어 있는 정보를 읽어내
이것이 먹어도 되는 음식인지 아닌지를 판단합니다.
다만, 항상 냄새를 강하게 느끼지는 않습니다.
공기 중에 냄새를 내는 분자의 정보를
구분하는 능력이 뛰어날 뿐입니다.

개는 냄새에 들어 있는 정보를 구분해서 읽기 때문이야.

호기심 자극하기

개 이외에 냄새를 맡거나 핥는 동물은 뭐가 있을까? 다양한 동물의 특징을 살펴보자.

개는 왜 뭐든지 핥아요?

사람의 손처럼 입과 혀로 다양한 일을 하기 때문이야.

개가 핥는 것은 친밀감의 표현이다

사람이 손을 많이 사용하듯이
개는 입과 혀를 이용해 다양한 일을 합니다.
먹이를 먹고 물을 마시는 것은 기본이고,
몸에 있는 더러운 먼지를 핥아서 털어냅니다.
또 아기 강아지가 똥을 싼 뒤엔 엉덩이를
부드럽게 핥아줍니다.
개는 친밀감을 표현할 때 손이나 얼굴을 핥는데,
이는 어린 강아지를 핥으면서 귀여워해 주는
습성이 남아 있기 때문입니다.

지식 넓혀주기

사람에게 큰 도움을 주는 개의 후각

경찰견, 마약 탐지견, 인명 구조견 등 개는 뛰어난 후각을 활용해 다양한 일을 합니다. 최근에는 개가 사람의 질병을 찾아내는 능력이 있다고 밝혀지기도 했습니다. 하지만 뛰어난 후각 때문에 경찰관이나 소방관과 함께 일하는 개들은 하루도 쉬지 않고 힘든 훈련을 받아야 한답니다.

79 기린은 왜 목이 길어요?

1. 목이 길면 적이 공격하기 어렵기 때문이야.
2. 별님이랑 대화하고 싶대.
3. 가능한 먼 경치까지 보고 싶어서래.

옛날에는 목이 짧은 기린이 있었다

옛날에는 목이 짧은 기린과 긴 기린이 있었습니다. 그런데 목이 짧은 기린은 물을 마실 때마다 다리를 구부리고 몸을 굽혀야 해서 다른 동물에게 쉽게 공격당했고, 결국 멸종하고 말았습니다.
반대로 목이 긴 기린은 몸이 커서 공격당하는 일이 적었고, 높은 곳의 나뭇잎도 따 먹을 수 있어서 지금까지 살아남았답니다.

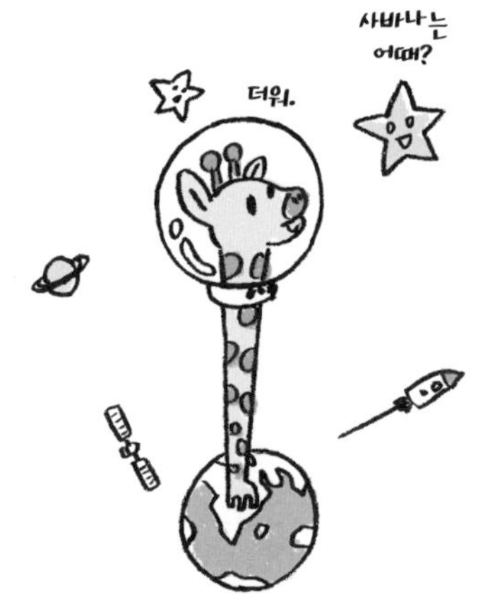

목이 길면 적이 공격하기 어렵기 때문이야.

호기심 자극하기

동물들은 저마다 살아남기 위한 방법을 찾는단다. 네가 좋아하는 동물은 어떤 방식으로 살아남았을까?

코끼리는 왜 코가 길어요?

사람의 손처럼 뭐든지 잡을 수 있도록 진화했기 때문이야.

코끼리의 긴 코는 살아남기 위한 선택

코끼리는 몸집이 매우 큰 동물입니다. 그래서 물을 마시고 먹이를 집기 위해 몸을 굽히거나 나무에 오르려면 많은 힘이 필요합니다. 하지만 코를 이용해서 물을 마시거나 열매를 따 먹으면 훨씬 적은 힘이 들어갑니다. 즉 코를 쓰는 쪽이 살아남기 쉬웠기 때문에 코가 길어진 것입니다. 또한 코끼리의 코끝은 물건을 집기 쉽도록 진화했습니다.

지식 넓혀주기

코끼리는 왜 귀가 커요?

코끼리의 귀가 큰 이유는 코끼리가 더운 곳에서 살기 때문입니다. 사람이 땀을 흘리거나 개가 혀를 내밀고 헥헥거리는 것은 모두 체온을 낮추기 위해서입니다. 또 코끼리는 귀를 펄럭거리면서 귀에 있는 혈관에 바람을 쏘여 체온을 낮춥니다. 이때 귀가 커야 더 효율적으로 체온을 조절할 수 있기 때문에 코끼리의 귀가 큰 것입니다.

81 지진은 왜 일어나요?

1. 모든 사람이 동시에 점프해서 그래.
2. 땅속에 사는 메기가 날뛰는 거야.
3. 땅이 크게 움직이기 때문이야.

땅과 땅은 서로 붙었다가 떨어진다

전 세계의 땅은 한 덩어리로 이어져 있지 않습니다. 몇 개의 땅이 붙어서 만들어졌지요. 땅은 쉬지 않고 조금씩 움직입니다. 움직이는 땅이 다른 땅을 계속 밀어내면, 밀려나간 땅은 제자리로 돌아오려고 합니다. 어느 순간 밀려 나갔던 땅이 원래대로 돌아오면 매우 큰 진동이 일어납니다. 이때 우리가 사는 집을 포함한 땅 위에 있는 모든 게 흔들리는 것입니다.

우리가 서 있는 땅이 크게 움직이면서 흔들리는 거야.

호기심 자극하기

땅과 땅은 서로 부딪히고 밀어내기를 반복한단다.

해일은 왜 일어나요?

땅이 움직일 때 그 위에 있는 바닷물도 같이 움직이기 때문이야.

땅이 움직이면 바닷물도 움직인다

해일은 바닷가를 덮치는 매우 큰 파도입니다. 땅이 움직여서 지진이 일어나면 그 위에 있던 바닷물도 커다란 힘을 받아 거대한 파도가 생겨납니다. 이 거대한 파도가 해안까지 다다르면 해일이 됩니다. 해일은 일반적인 파도와는 달리 큰 힘을 지니고 있기 때문에 조심해야 합니다.

지식 넓혀주기

해일은 얼마나 커요?

해일을 매우 큰 파도라고 하면 그리 위험하지 않게 느낄지도 모릅니다. 하지만 해일은 일반적인 파도와는 다릅니다. 바다 밑 땅이 움직이면서 생겨난 상당히 크고 빠른 힘에 의해 만들어지기 때문입니다. 작은 크기의 해일이라도 위력이 매우 강하므로 조심해야 합니다. 세계에서 가장 큰 해일은 알래스카 리투야만에서 일어난 해일로, 높이가 무려 524m나 됐다고 합니다.

83 산에서 '야호' 하면 왜 소리가 돌아와요?

1. 기분 좋으라고 산이 대답해주는 거야.
2. 반대쪽 산에 따라하기를 좋아하는 요정이 살고 있거든.
3. 목소리가 산에 부딪혀 되돌아오기 때문이야.

되돌아오는 소리 '메아리'

산에서 맞은편 산을 향해 '야호' 하고 외치면 똑같은 목소리가 되돌아옵니다. 이는 산의 경사면에 목소리가 반사되어 우리 쪽으로 다시 돌아오기 때문입니다. 이와 같이 되돌아오는 소리를 '메아리'라고 합니다. 메아리는 맞은편 산과 거리가 가깝고 그리 높지 않은 산에서 잘 울립니다. 그래서 백두산처럼 높은 산에서는 메아리가 잘 들리지 않습니다.

'야호' 하는 소리가 산의 경사면에 부딪혀서 되돌아오기 때문이야.

산에 올라가서 큰 목소리로 '야호' 하고 외쳐보자. 정말 내 목소리가 돌아올까?

왜 '야호'라고 해요?

도움을 요청하는 목소리로 오해받지 않으려는 거야.

요들송의 가사가 야호의 어원!?

'야호'의 어원은
정확하게 밝혀지지 않았습니다.
요들송의 가사인 '요들레이요후'에서
변형됐다는 말도 있고,
사람을 부르는 말인 '야'에서 유래했다는 설도
있지요. 또 산에서 '어이' 하고 부르면
도움을 요청하는 목소리로 오해할 수 있어서
'야호'가 되었다는 이야기도 전해집니다.

일본에도 알프스 산맥이 있다?

일본의 알프스란 나가노현, 야마나시현, 기후현에 걸쳐 있는 거대한 산맥을 말합니다. 크게 북알프스(히다 산맥), 중앙알프스(기소 산맥), 남알프스(아카이시 산맥) 세 부분으로 나뉘지요. 남알프스의 북쪽에는 유명한 야쓰가타케 산이 있습니다. 메이지 시대에 영국인 갈런드가 책에 쓴 '일본의 알프스'라는 말을 선교사 웨스턴이 유럽에 소개하면서 널리 알려졌다고 합니다.

85 바다는 왜 파래요?

1. 파란빛만 물속에서 반사되기 때문이야.
2. 파란 하늘이랑 친해서 그래.
3. 신이 바다에 파란색 물감을 섞었대.

햇빛이 만들어낸 파란색 바다

햇빛은 빨, 주, 노, 초, 파, 남, 보
일곱 가지 색이 섞여서 투명해진 것입니다.
이 중에서 특히 파란빛은 물속을 쉽게 통과하여
여러 방향으로 반사됩니다.
그래서 바닷물이 파랗게 보이는 것입니다.
나머지 색들은 모두 물에 흡수되어 버린답니다.

햇빛 중에서 파란빛이 물속을 통과해 반사되기 때문이야.

파란색 물건은 파란빛만 반사하고 다른 색은 흡수하기 때문에 파랗게 보이는 거야.

86 바닷물을 손으로 뜨면 왜 투명해요?

바다처럼 깊지 않으면 파란빛이 반사되지 않아서 투명하게 보인단다.

빛은 물을 통과한다

물은 수소와 산소로 이루어져 있는데, 둘 다 빛이 통과하기 쉬운 성질을 가졌습니다. 즉 빛이 통과하기 때문에 투명하게 보이는 것입니다. 하지만 바다는 수심이 워낙 깊어서 햇빛이 물에 흡수되어 버립니다. 이때 파란빛은 흡수되지 않고 통과해서 여기저기 반사되기 때문에 바닷물이 파랗게 보이는 것입니다.

지식 넓혀주기

파랗지 않은 바다도 있다

세계에는 파랗지 않은 바다도 있습니다. 중국의 '황해'는 바다에 흘러들어오는 흙 때문에 노랗게 보이고, 아라비아반도의 '홍해'는 플랑크톤 때문에 붉게 보입니다. 이처럼 물에 녹아 있는 물질에 따라 햇빛이 다르게 반사되면 바다가 파란색이 아닌 다른 색으로 보일 수도 있습니다.

87 바닷물은 왜 짜요?

❶ 옛날에 신이 커다란 소금 덩어리를 바다에 빠트렸대.

❷ 바닷물에는 소금이 많이 들어 있기 때문이야.

❸ 바다에 사는 생물의 오줌이 짜서 그래.

바다가 형성될 때 소금이 많이 들어갔다

바닷물이 짠 이유는 소금이 많이 들어 있기 때문입니다. 지구가 탄생한 46억 년 전에는 바다가 없었습니다. 그때 지구는 불타오르는 구슬처럼 뜨겁고 말랑말랑했는데, 서서히 열기가 식으면서 많은 양의 비가 내렸고 그 비가 바다를 이루었습니다.
이때 공기 중이나 바위 등에 있던 많은 양의 염분이 바다에 들어갔답니다.

바다가 생겼을 때 소금이 많이 녹아들었기 때문이야.

호기심 자극하기

하늘, 바다, 산, 물은 서로 영향을 주고받으면서 지구를 이루고 있어.

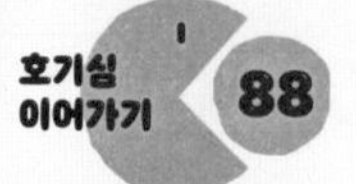

88 바닷물은 왜 넘치지 않아요?

바닷물은 증발해서 비가 되기 때문이야.

바닷물은 증발해서 비가 된다

물은 증발하는 성질을 가졌습니다.
컵에 물을 담아 가만히 놔두면 줄어드는 것도
이 때문입니다. 바닷물도 증발합니다.
증발한 바닷물은 수증기로 변해 구름이 됩니다.
구름 속 물 알갱이가 점점 커지면 비가 되어
땅으로 떨어집니다. 비는 처음부터
바닷물에서 만들어졌기 때문에
아무리 많은 비가 내려도
바닷물은 넘치지 않습니다.

지식 넓혀주기

지구는 무엇으로 만들어졌어요?

지구는 지각, 맨틀, 핵 세 부분으로 나눌 수 있습니다. 가장 바깥쪽이 지각, 다음이 맨틀, 가장 안쪽이 핵입니다. 세 부분은 모두 암석과 금속으로 이루어졌기 때문에 지구는 대부분 암석과 금속으로 만들어졌다고 볼 수 있습니다.

89 그림자는 왜 생겨요?

❶ 그림자는 빛이랑 친구라서 항상 같이 있고 싶대.

❷ 빛은 물건을 비껴가지 않고 똑바로 뻗어가기 때문이야.

❸ 그림자는 원래 늘 옆에 있는 거야.

그림자는 빛이 다다르지 못한 곳

빛은 똑바로 뻗어가는 성질이 있어서
자신을 가로막는 사물이 있으면
부딪혀서 반사되어 버립니다. 그러면 반대쪽은
빛이 도달할 수 없어서 가로막은 사물의
모양 그대로 어두워지고 그림자가 생깁니다.
유리컵처럼 반투명한 물건은
빛을 조금은 통과시키기 때문에
그림자가 흐리게 나타납니다.

빛은 똑바로 가기 때문에 가로막는 게 있으면 그림자가 생겨.

호기심 자극하기

빛과 그림자는 늘 함께야. 그림자 만들기랑 잔상 효과를 이용한 놀이를 해볼까?

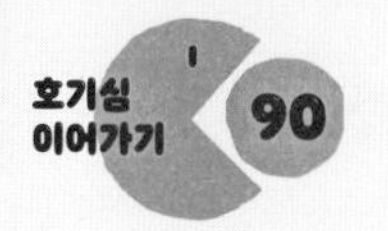

그림자를 쳐다보다 하늘을 보면 왜 그림자가 떠다녀요?

눈 안에 그림자 모양이 남아 있어서 그래.

그림자를 옮겨 주는 잔상 효과

맑은 날, 자신의 그림자를 10초 정도 가만히 쳐다본 다음 하늘을 올려다보면 하얀 그림자가 둥둥 떠다닙니다. 마치 내 그림자를 하늘에 옮겨놓은 듯한 모습이지요. 이는 눈에 비친 사물의 그림자가 망막에 남아 있다 하늘을 쳐다봤을 때 순간적으로 보이는 것입니다. 이러한 현상을 '잔상 효과'라고 부릅니다.

지식 넓혀주기

그림자는 언제 가장 길까?

그림자의 길이는 태양의 높이에 따라 달라집니다. 장소와 시간이 같다면 대략 6월 말쯤인 하지에 그림자가 가장 짧고, 12월 말경인 동지에 그림자가 가장 깁니다. 하루 중에는 해 질 무렵이나 해 뜨는 새벽녘, 그리고 저녁 시간에 그림자가 길어집니다.

91 어두우면 왜 주변이 안 보여요?

1. 신이 커다랗고 까만 장막을 전 세계에 덮어버리거든.
2. 잠을 푹 자야 하기 때문이야.
3. 사물의 모양과 색을 비추는 빛이 사라지기 때문이야.

망막을 통해 사물을 보는 눈

사람의 눈 안에는 망막이라는 막이 있습니다.
눈이 다양한 사물을 볼 수 있는 이유는
망막에 사물의 모양과 색이 맺히고
이것이 뇌에 전달되기 때문입니다.
이때 빛이 없으면 사물은 모양도 색도
반사할 수 없어서 망막에 아무것도 맺히지 않습니다.
그래서 어두우면 주위가 보이지 않는 것입니다.

빛 없이 눈의 렌즈만으로는 세상을 볼 수 없어.

호기심 자극하기

가까이에 있는 사물을 오래 보았다면 먼 곳을 보면서 눈을 쉬게 해줘야 해. 안 그러면 눈이 나빠져.

어떤 동물은 왜 밤에도 볼 수 있어요?

적은 양의 빛으로도 볼 수 있는 특별한 눈을 가졌기 때문이야.

특별한 눈을 가진 고양이

어두운 곳에서도 잘 보는 동물이 있습니다.
우리에게 친숙한 고양이가 대표적입니다.
고양이는 망막 안에 매우 적은 양의 빛도
감지해내는 '구아닌'이라는 물질과
빛을 반대편으로 쏘아주는 반사판을 가지고 있어서
캄캄한 밤에도 주위를 잘 볼 수 있습니다.
적은 양의 빛만으로도 볼 수 있기 때문에
밤에도 자유롭게 다닐 수 있답니다.

지식 넓혀주기

TV를 가까이에서 보면 왜 눈이 나빠져요?

사물을 볼 때면 눈 안에 있는 수정체가 카메라의 렌즈와 같은 역할을 합니다. 수정체는 우리가 먼 곳을 보면 얇아지고 가까운 곳을 보면 두꺼워져서 눈의 초점을 조절합니다. 그런데 가까운 곳을 너무 오랫동안 보면 수정체의 두께를 조절하는 근육의 움직임이 나빠집니다. 그러면 먼 곳을 봐도 수정체가 얇아지지 못해서 사물이 흐릿하게 보일 수 있습니다. 이런 상황이 반복되면 결국 시력이 떨어지고 맙니다.

93 밤에는 왜 해가 안 보여요?

1. 지구가 돌고 있어서 해가 보이지 않는 시간이 있는 거야.
2. 내일도 힘내서 모두를 비추려면 푹 자야 하잖아.
3. 해가 빌딩이나 산 그림자에 가려지는 거야.

지구는 하루에 한 바퀴씩 돈다

지구는 북극과 남극을 연결한 선을 기준으로 서쪽에서 동쪽으로 하루에 한 바퀴씩 회전합니다. 태양은 쉬지 않고 지구를 비추지만 지구가 돌다 보니 위치에 따라 햇빛을 받는 부분과 받지 못하는 부분이 생깁니다. 그래서 낮과 밤이 있는 것입니다. 우리나라가 밤일 때 지구의 정반대편은 해가 보이는 낮이랍니다.

지구가 돌고 있어서 해가 보이지 않는 시간대가 생기는 거야.

호기심 자극하기

별을 거리에서 볼 때와 산에서 볼 때 몇 개나 보이는지 세어보자.

별은 왜 밤에만 보여요?

별빛은 햇빛보다 약하기 때문이야.

별은 주위가 어두울수록 잘 보인다

햇빛이 비치는 낮에는 하늘이 밝아집니다.
별빛은 햇빛만큼 강하지 않아서
낮에는 햇빛에 가려져 보이지 않습니다.
밤에도 달이 밝은 날이나
가로등이 많은 길거리에서는
별이 잘 보이지 않습니다.
산이나 바다처럼 가로등이 없고
어두운 곳에서 잘 보입니다.

지식 넓혀주기

태양보다 큰 별이 있다?

태양은 지구보다 100배 큽니다. 더욱 놀라운 사실은 드넓은 우주에는 태양보다 큰 별이 무수히 많다는 점입니다. 예를 들면 '안타레스'라는 별은 태양보다 230배 크고, '베텔기우스'는 그보다 더 크다고 합니다. 이렇게 커다란 별이 조그맣게 보이는 이유는 지구와 아주 멀리 떨어져 있기 때문입니다. 우주는 우리가 상상도 못할 만큼 넓디넓습니다.

95 달은 왜 동그랬다가 홀쭉했다가 해요?

1. 달에 공기가 차올랐다 빠졌다 하거든.
2. 햇빛을 받는 부분이 달라져서 모양이 다르게 보이는 거야.
3. 달이 별 모양이 되고 싶어서 변하는 거래.

달은 지구 주위를 돈다

지구 주위를 도는 달은 스스로
빛을 내지 못하고 햇빛을 받아서 빛납니다.
따라서 지구에서 보이는 달의 모습은
햇빛을 받아 빛나는 달의 일부분에 해당합니다.
우리 눈에는 마치 달이 모양을 바꾼 듯 보이지만
사실 달은 동그란 모습 그대로지요.
날짜에 따라서 햇빛을 받는 부분이
달라지기 때문에 모양이 다르게 보일 뿐입니다.

해와 달의 위치에 따라 햇빛을 받는 부분이 달라지기 때문이야.

호기심 자극하기

달과 지구와 태양의 공통점과 차이점을 찾아볼까?

해는 왜 모양이 변하지 않아요?

해는 지구보다 훨씬 크고 항상 빛나기 때문이야.

언제 봐도 모양이 같은 태양

태양은 지구보다 훨씬 강한 빛으로 지구를 비춥니다. 햇빛은 끊기거나 차단될 일이 없어서 항상 동그란 모양 그대로 보입니다. 지구는 돌기 때문에 밤이 찾아오면 해가 보이지 않지만 해는 변함없이 하늘 위에서 동그랗게 빛나고 있답니다. 드문 일이지만 달이 태양을 가리는 일식이 일어날 때는 해도 모양이 바뀝니다.

지식 넓혀주기

달에는 떡방아를 찧는 토끼가 산다?

동그랗고 노란 달을 보면 표면에 있는 흐릿한 그림자가 눈에 띕니다. 옛날 사람들은 이 그림자를 보고 토끼가 떡을 찧는다고 표현했습니다. 그래서 달과 토끼를 함께 그리는 경우가 많았지요. 유럽에서는 달의 그림자 모양을 게에, 미국에서는 여인의 옆얼굴에 비유한다고 합니다. 여러분은 어떤 모양으로 보이나요?

97 별똥별은 왜 생겨요?

1. 우주의 먼지가 불타면서 빛이 나는 거야.
2. 별들이 하늘에서 운동회를 하는 중이래.
3. 별은 항상 우주를 떠다니기 때문이야.

별똥별은 별이 아니다

별똥별은 별이 아니라 우주에 떠다니는 먼지입니다. 크기는 보통 모래나 돌멩이만 하지요. 우주의 먼지가 지구에 끌려 들어와 대기권에 부딪히면 공기와 마찰을 일으키면서 불타버립니다. 이때 환하게 빛나는 것입니다. 대부분의 별똥별은 땅에 떨어지기 전에 가스가 되어 사라지지만 끝까지 남아 지상에 떨어지면 운석이 됩니다.

오늘 밤에도 달리기 시합 중이네.

우주에 떠다니던 먼지가 불타면서 빛이 나기 때문이야.

별에는 여러 가지 이름이 붙어 있단다. 어떤 이름이 있을 것 같아?

98 별은 왜 서로 부딪히지 않아요?

별은 서로 끌어당기고 또 멀어지면서 균형을 유지한대.

별은 서로 부딪히지 않는다

우주는 상상도 못할 만큼 넓어서 별과 별 사이의 간격도 매우 큽니다. 그래서 별끼리 부딪치는 일은 거의 없습니다. 태양은 중력이 매우 강한 별이라서 지구를 늘 끌어당깁니다. 하지만 지구는 매우 빠른 속도로 회전하면서 태양에서 멀어지려고 하기 때문에 서로 일정한 거리를 유지할 수 있습니다.

지식 넓혀주기

별은 무엇으로 만들어졌어요?

별은 구성되어 있는 물질에 따라 크게 두 종류로 나뉩니다. 하나는 지구처럼 암석과 금속 등으로 이루어진 별, 다른 하나는 태양처럼 가스 덩어리로 이루어진 별입니다. 목성이나 토성처럼 금속과 가스가 모두 섞여 있는 별도 있습니다.

99 별은 왜 반짝반짝 빛나요?

1. 별에는 반짝이는 가루가 뿌려져 있어.
2. 스스로 빛나기도 하고 햇빛을 반사해서 빛나기도 한단다.
3. 별이 너에게 신호를 보내는 거야.

세 종류의 별 '항성, 행성, 위성'

별은 스스로 빛을 내는 항성,
스스로 빛을 내지 못하고 항성 주위를 도는 행성,
행성 주위를 도는 위성이 있습니다.
항성은 대부분 수소 가스로 이루어져서
수소가 핵융합반응을 일으키면 빛과 열이 발생합니다.
행성과 위성은 둘 다 스스로 빛을 내지는 못하고
태양 빛을 반사해서 반짝입니다. 하지만 우리 눈에는
모두 똑같이 반짝반짝 빛나 보이지요.

별에는 스스로 빛나는 별과 햇빛을 반사해서 빛나는 별이 있단다.

호기심 자극하기

천문대에 있는 천체 투영관에 가볼까? 별에 관한 재미있는 이야기를 들을 수 있어.

별은 어떤 모양이에요?

동그랗기도 하고 살짝 찌그러지거나 울퉁불퉁한 것도 있어.

다양한 별의 모양

별은 동그란 모양, 동그랗게 보이지만
살짝 찌그러진 모양, 감자처럼 울퉁불퉁한
모양 등 다양한 형태가 있습니다.
태양이나 수성은 완전히 동그랗지만
지구는 살짝 찌그러진 동그라미 모양이라
세로가 가로보다 짧습니다. 어떤 별은
울퉁불퉁한 돌처럼 생기기도 했답니다

지식 넓혀주기

울퉁불퉁했던 지구

지금부터 약 46억 년 전 작은 별들이 충돌하여 하나로 합쳐지면서 커다란 지구가 생겨났습니다. 처음 지구의 표면은 울퉁불퉁했지만 여기저기서 화산이 폭발하고 용암이 흘러내리면서 고르지 못한 부분을 메우기 시작했습니다. 이후에도 조금씩 지면과 바다를 만들어가면서 지금의 동그란 모양이 완성됐습니다.

마음속 토양이 비옥해지면 아이의 통찰력이 자라납니다

아이의 첫 번째 선생님은 엄마입니다

오래전에 있었던 일입니다. 4월 말경 갓 입학한 1학년 학부모에게 긴 편지를 받았습니다. 편지에는 일요일에 아이와 함께 나들이를 나갔다가 막 수확한 여름 귤을 먹은 이야기, 쇠뜨기를 따다 나물을 만들어 먹은 이야기들이 담겨 있었습니다. 어머니는 아이가 신기한 것, 궁금한 것들이 넘쳐난다며 부쩍 성장해 학생다워진 모습에 감동받았다고 적혀 있었습니다.

> "아들이 신기한 것, 궁금한 것들이 넘쳐나네요. 어느새 부쩍 자라나 1학년다워진 모습에 순간순간 감동을 받습니다. 알고 싶은 게 많다는 것은 참으로 행복한 일입니다. 모르는 점이 생기면 함께 책을 찾아보고 있습니다. 아이와 함께 저도 성장하는 느낌입니다. 앞으로도 잘 부탁드립니다."

편지의 주인공이었던 아이를 대할 때면 아이가 유아기를 얼마나 알차게 보냈는지 느낄 수 있었습니다. 참을성을 갖고 사물을 바라보는 자세나 모르는 점이 생기면 물어보는 데서 그치지 않고 만지고 조사하고 시험해보는 모습, 스스로 뭔가를 발견했을 때는 마치 엄청난 사건이라도 생긴 양 들떠서 친구들과 선생님에게 들려주고 보여주는 모습이 참 대견했지요.

어린아이에게 모르는 점이 생겼을 때 어떻게 답을 찾아가야 하는지 알려주는 것만큼 어려운 일도 없습니다. 단순히 누군가에게 물어봐서 답을 얻을 게 아니라 옆에 있는 어른과 함께 시간을 들여 고민하는 과정을 통해 몸으로 익혀야 하기 때문입니다. 이야기를 나누면서 궁금증이 생기고 뭔가를 알고 싶은 마음과 자꾸 마주하다 보면 아이의 마음속 토양은 점점 비옥해지고 지적 호기심은 나날이 풍부해집니다. 주변 환경에 예민하게 반응하고 눈과 귀의 감각이 발달해서 통찰력 있는 아이로 자라납니다.

편지 속 아이의 옆에는 늘 아이의 작은 발견과 말에 반응하고 공감하고 감동하며, 함께 생각하고 찾아보고 실험해주는 엄마가 있었습니다. 어쩔 수 없이 해주는 게 아니라 아이의 눈높이에서 함께 적극적으로 탐구하는 모습이었습니다.
함께 탐구하는 과정을 즐기면서 끈기 있게 아이의 마음을 길러준 어머니의 이야기를 듣고 저는 어떻게 하면 아이가 배움의 싹을 피울 수 있을지에 대한 커다란 힌트를 얻었습니다. 여러분도 매일 아이와 나누는 대화를 통해 아이의 마음을 일구고 호기심의 씨앗을 뿌려보세요.

에필로그

모든 아이는 알고 싶어 하고, 시험해보고 싶어 하고, 말하고 싶어 합니다. 조그만 곤충과 높은 하늘, 식탁 위의 음식까지 온통 궁금한 것투성이지요. 아이들에게 세상은 보물 상자와 같습니다. 그런 아이들의 궁금증을 어른이 어떻게 받아들이고 반응해주느냐에 따라 아이가 앞으로 만날 세상은 크게 달라집니다.
"그런 건 잘 모르겠어."라고 대답해버리면 아이의 호기심은 거기서 끝이 납니다. 하지만 "왜 그럴까? 엄마도 궁금한걸. 같이 찾아볼까?" 하며 아이의 호기심에 공감해주면 아이는 좀 더 알고 싶어 하면서 배움의 싹을 쑥쑥 키워갑니다. 어른의 반응과 공감을 통해 아이가 틔운 배움의 싹이 건강하게 자라나면 아이는 천천히 한 걸음씩 배움의 폭을 넓히고 깊이 있는 지식을 습득하며 끝없이 성장해갑니다.
이 책이 부모와 아이가 함께 대화하고 더 많이 배울 수 있도록 이끌어주는 계기가 되면 좋겠습니다. 아이와 부모의 대화가 더욱 풍성해지길 기원합니다.

니이다 유미코

꼬리에 꼬리를 무는
아이의 질문 100

초판 1쇄 발행일 2021년 4월 20일
초판 3쇄 발행일 2021년 10월 20일

감수 니이다 유미코
펴낸이 유성권

편집장 양선우
책임편집 윤경선 편집 신혜진 임용옥
해외저작권 정지현 홍보 최예름 정가량 디자인 박정실
마케팅 김선우 강성 최성환 박혜민 김민지
제작 장재균 물류 김성훈 강동훈

펴낸곳 ㈜이퍼블릭
출판등록 1970년 7월 28일, 제1-170호
주소 서울시 양천구 목동서로 211 범문빌딩 (07995)
대표전화 02-2653-5131 | 팩스 02-2653-2455
메일 loginbook@epublic.co.kr
포스트 post.naver.com/epubliclogin
홈페이지 www.loginbook.com